essentials liefern aktuelles Wissen in konzentrierter Form. Die Essenz dessen, worauf es als „State-of-the-Art" in der gegenwärtigen Fachdiskussion oder in der Praxis ankommt. *essentials* informieren schnell, unkompliziert und verständlich

- als Einführung in ein aktuelles Thema aus Ihrem Fachgebiet
- als Einstieg in ein für Sie noch unbekanntes Themenfeld
- als Einblick, um zum Thema mitreden zu können

Die Bücher in elektronischer und gedruckter Form bringen das Expertenwissen von Springer-Fachautoren kompakt zur Darstellung. Sie sind besonders für die Nutzung als eBook auf Tablet-PCs, eBook-Readern und Smartphones geeignet. *essentials:* Wissensbausteine aus den Wirtschafts, Sozial- und Geisteswissenschaften, aus Technik und Naturwissenschaften sowie aus Medizin, Psychologie und Gesundheitsberufen. Von renommierten Autoren aller Springer-Verlagsmarken.

Weitere Bände in der Reihe http://www.springer.com/series/13088

Ekbert Hering · Alexander Schloske

Fehlermöglichkeits- und Einflussanalyse

Methode zur vorbeugenden, systematischen Qualitätsplanung unter Risikogesichtspunkten

Springer Vieweg

Ekbert Hering
Hochschule Aalen
Heubach, Deutschland

Alexander Schloske
Fraunhofer-Institut für
Produktionstechnik und Automatisierung
Stuttgart, Deutschland

ISSN 2197-6708 ISSN 2197-6716 (electronic)
essentials
ISBN 978-3-658-25762-0 ISBN 978-3-658-25763-7 (eBook)
https://doi.org/10.1007/978-3-658-25763-7

Die Deutsche Nationalbibliothek verzeichnet diese Publikation in der Deutschen Nationalbibliografie; detaillierte bibliografische Daten sind im Internet über http://dnb.d-nb.de abrufbar.

Springer Vieweg

Springer Vieweg ist ein Imprint der eingetragenen Gesellschaft Springer Fachmedien Wiesbaden GmbH und ist ein Teil von Springer Nature
Die Anschrift der Gesellschaft ist: Abraham-Lincoln-Str. 46, 65189 Wiesbaden, Germany

Was Sie in diesem *essential* finden können

- FMEA-Methodik nach VDA
- Risikoanalyse mit der FMEA
- Sicherstellung der Betriebssicherheit von Systemen mit der System-FMEA
- Sicherstellung der Funktionssicherheit von Produkten mit der Konstruktions-FMEA
- Sicherstellung der Null-Fehler-Produktion mit der Prozess-FMEA
- Früherkennung von Fehlern, Fehlerfolgen und Fehlerursachen
- Bewertung der Bedeutung der Fehler für den Kunden (Faktor B)
- Bewertung der Wahrscheinlichkeit des Auftretens von Fehlern (Faktor A)
- Bewertung der Wahrscheinlichkeit der Entdeckung der Fehler (Faktor E)
- Bewertung der Risiken mit der Risikoprioritätszahl RPZ
- Bewertung von Risiken mit Risikomatrizen
- Wirkungsvolle Verifizierungsmaßnahmen in der Entwicklung
- Wirkungsvolle Prüfstrategien in der Produktion
- Bewertung der Wirksamkeit von Maßnahmen
- Durchgängige Betrachtung im Produktentstehungsprozess durch Kopplung der System-FMEA mit der Konstruktions-FMEA und der Prozess-FMEA

Vorwort

Fehler in Systemen, Produkten oder Prozessen können große Schäden an Menschen, Produkten und Dienstleistungen (z. B. Softwarefehler) verursachen. Dies ist immer auch mit hohen Kosten, Imageschaden, Kundenunzufriedenheit und auch Zeitverzögerungen verbunden. Um diese potenziellen Fehler von vornherein auszuschließen, wird die Methode FMEA angewandt. Dabei ist es erforderlich, dass die Methode *frühzeitig* angewandt wird, um Schwachstellen an kritischen Komponenten, Schnittstellen, Entwicklungsvorhaben, Konstruktionen und Prozessen zu erkennen, da sich die Fehlerfolgekosten in der Produktentstehung nach der Verzehnfachungsregel entwickeln, d. h. die Kosten zur Fehlerbehebung mit jeder Entwicklungsphase um den Faktor zehn ansteigen. In der FMEA werden Hypothesen zu potenziellen Risiken (Fehlerursache-Fehler-Fehlerfolgen-Kombinationen) des untersuchten Produktes oder Prozesses aufgestellt. Im nächsten Schritt wird dann überprüft, inwieweit die im Unternehmen etablierten Prozesse und Maßnahmen ausreichen, diese Risiken wirkungsvoll zu vermeiden bzw. im Falle von deren Auftreten, sicher zu entdecken, bevor die Konzeptfreigabe, Produktfreigabe bzw. Produktionsfreigabe erfolgt. Falls das *Risikopotenzial* nicht akzeptabel erscheint, werden zusätzliche Maßnahmen zur *Optimierung* festgelegt. Das vorliegende *essential* führt in Kap. 1 in die *Methode* ein. Anschließend wird in Kap. 2 die *systematische Vorgehensweise* der FMEA dargestellt. Die Kap. 3 bis 5 behandeln die Vorgehensweisen zur Erstellung von System-FMEAs (Kap. 3), Konstruktions-FMEAs (Kap. 4) und Prozess-FMEAs (Kap. 5) jeweils zusammen mit einem Anwendungsbeispiel. Kap. 6 beschreibt die Kopplung zwischen den einzelnen FMEA-Arten. Kap. 7 erläutert kurz die *Grenzen* einer FMEA. Das Kap. 8 stellt *Softwarelösungen* zur Erstellung von FMEAs vor.

Die Verfasser danken dem Springer-Verlag für die sorgfältige Bearbeitung und die professionelle Betreuung des Werkes. Vor allem möchten wir uns bei Frau Dr. Angelika Schulz und Herrn Michael Kottusch ganz herzlich bedanken. Mögen unsere Leser von der praxisorientierten Darstellungsweise bei der Umsetzung einer FMEA profitieren und so ihre Aufgaben systematisch, zielorientiert, effektiv und effizient lösen können.

Ekbert Hering
Alexander Schloske

Inhaltsverzeichnis

1 Einleitung

Unternehmen sind verpflichtet, im Rahmen der Produktentstehung so sorgfältig vorzugehen, dass keine fehlerhaften Produkte in den Markt gelangen. Man spricht dabei im Rahmen der Entwicklung von der sogenannten *Konstruktionspflicht.* Diese erfordert, dass die Produkte sorgfältig ausgelegt, berechnet und erprobt werden. Des Weiteren müssen die Produkte bei eventuell im Betrieb auftretenden Fehlern in einen sicheren Zustand übergehen. Die Vorgaben für die Erprobung werden hierzu im Allgemeinen in einem Erprobungsplan definiert (oftmals auch Design Verification Plan & Report genannt). Im Rahmen der Produktion gilt die sogenannte *Fabrikationspflicht.* Hier sind Unternehmen dazu verpflichtet, keine fehlerhaften Produkte zu produzieren und auf den Markt zu bringen. Dies bedeutet, dass Unternehmen sicherstellen müssen, dass einerseits keine Fehler in der Produktion entstehen können, und falls doch, dass diese andererseits in der weiteren Produktion durch Prüfmaßnahmen erkannt und deren weitere Verwendung sicher vermieden wird. Die Vorgaben für die Produktion werden im Allgemeinen im sogenannten Produktionslenkungsplan (PLP) dokumentiert (oder Control-Plan genannt). Zur Kommunikation sicherheits-, zulassungs- oder funktionsrelevanter Aspekte zwischen Entwicklung und Produktion bzw. Kunde und Lieferant werden diese Merkmale als sogenannte *Besondere Merkmale* gekennzeichnet. Abb. 1.1 verdeutlicht die Zusammenhänge. Bei den Bezeichnungen der Besonderen Merkmale gibt es jede Menge firmenspezifische Kennzeichnungen. Am Gebräuchlichsten ist jedoch die amerikanische Nomenklatur zu Besonderen Merkmalen.

Besondere Merkmale im Rahmen der Entwicklung:

- YC = Yes could be Critical
- YS = Yes could be Significant

E. Hering und A. Schloske, *Fehlermöglichkeits- und Einflussanalyse*, essentials,
https://doi.org/10.1007/978-3-658-25763-7_1

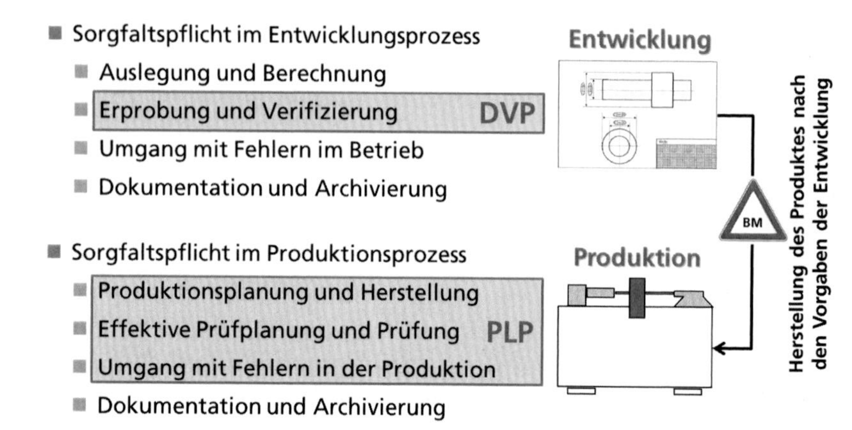

Abb. 1.1 Sorgfaltspflicht im Produktentstehungsprozess. (Quelle: © Schloske 2018. All Rights Reserved)

Besondere Merkmale im Rahmen der Produktion:

- CC = Critical Characteristic
- SC = Significant Characteristic

Demgegenüber gibt es auch noch die *Bezeichnung nach VDA* in

- BM S = Besonderes Merkmal mit Sicherheitsrelevanz
- BM Z = Besonderes Merkmal mit Zertifizierungsrelevanz
- BM F = Besonderes Merkmal mit Funktionsrelevanz,

die aber im globalen Umfeld weniger gebräuchlich sind. Die Besonderen Merkmale sind keine neue Erfindung. Das zeigt sich anhand der früher in Unternehmen oftmals gebräuchlichen Nomenklatur in Kritische Merkmale (entspricht BM S und BM Z) bzw. Dokumentationspflichtige Merkmale, Hauptmerkmale (entspricht BM F) und Nebenmerkmale (dies sind alle anderen Merkmale).

Für Unternehmen, die mit verschiedenen Kunden zusammenarbeiten, empfiehlt sich die Erstellung einer Übersetzungstabelle. Damit lässt sich Ruhe in die eigene Fertigung bringen, da bei den Mitarbeitern nicht ständig unterschiedliche Bezeichnungen auftauchen. In der IATF 16.949 (IATF: International Automotive Task Force) wird auch speziell auf dieses Hilfsmittel hingewiesen.

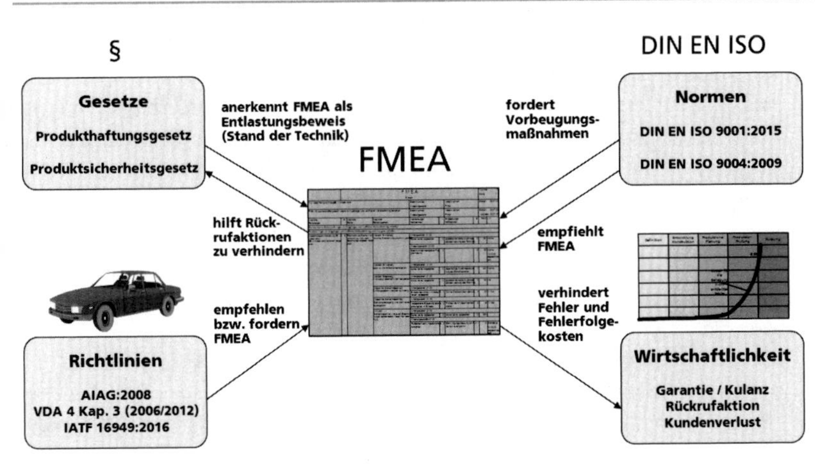

Abb. 1.2 Gründe für die FMEA-Anwendung. (Quelle: © Schloske 2018. All Rights Reserved)

Zur Sicherstellung der Sorgfaltspflicht im Produktentstehungsprozess stellt die Fehler-Möglichkeits- und Einfluss-Analyse (FMEA) eine wirkungsvolle Systematik dar, die *potenzielle Fehler* zu identifizieren und deren *Risiko* zu bewerten vermag. Im Falle eines erhöhten Risikos können so Maßnahmen ergriffen werden, welche die Risiken auf ein akzeptables Maß reduzieren. Dabei kommen drei verschiedene FMEA-Arten zum Einsatz, die jeweils einen speziellen Fokus haben. Bei der *System-FMEA* wird sichergestellt, dass keine fehlerhaften Systeme im Sinne der *Betriebssicherheit* entworfen werden, d. h. dass eventuell auftretende Fehler im Betrieb erkannt und in einen sicheren Zustand überführt werden. Die *Konstruktions-FMEA* vermeidet fehlerhafte Produkte im Sinne der *Zuverlässigkeit* der vom *Kunden* geforderten *Anforderungen.* In der *Prozess-FMEA* wird sichergestellt, dass der *Herstellungs- und Logistikprozess* fehlerfrei läuft. Im Folgenden wird die FMEA für den industriellen Produktionsbereich vorgestellt. Die Methode kann aber auch auf andere Bereiche, beispielsweise dem *Dienstleistungs-* und *Gesundheitswesen* angewandt werden.

Die Methode FMEA ist ein Regelwerk zur Fehlervermeidung und spielt in folgenden Bereichen ein wesentliche Rolle (Abb. 1.2):

- Als *Vorbeugemaßnahme zur Fehlerentstehung.* Die Normen DIN EN ISO 90001:2015 und DIN EN ISO 9004:2009 empfehlen die FMEA als eine wichtige Methode zur vorbeugenden Qualitätssicherung.

- Die Automobilindustrie fordert die FMEA in ihren Richtlinien AIAG (Automotive Industry Action Group): 2008, VDA 4 Kap. 3 (2006 und 2012) und IATF (International Automotive Task Force) 16949:2016. Zielsetzung ist vor allem die *Verbesserung der Produktqualität* in der Automobilindustrie und die *Vermeidung von Rückrufen* für Autos. Um sicherzustellen, dass die FMEA *weltweit in gleicher Weise* eingesetzt wird, wurde ein einheitlicher Standard zwischen AIAG und VDA erarbeitet, der ab 2019 verfügbar sein wird.
- Im *Produkthaftungsgesetz* und im *Produktsicherheitsgesetz* kann eine FMEA als Entlastungsbeweis (Feststellen des Standes der Technik) bei Schädigungen beim Gebrauch von Produkten eine wichtige Rolle spielen.
- Mit der Methode FMEA können *hohe Fehlerfolgekosten,* teure *Garantieansprüche, Imageschäden* von Unternehmen und *Verlust von Kunden* vermieden werden. Die FMEA ist in der Lage, volkswirtschaftliche Schäden und hohe betriebswirtschaftliche Kosten zu vermeiden.

2 Übersicht über die Methode

Im Folgenden wird die FMEA anhand der vom VDA beschriebenen Vorgehensweise vorgestellt. Dieser Ansatz kann derzeit zweifelsfrei als systematischster und universellster Ansatz zur FMEA-Anwendung bezeichnet werden. Seine Anwendung erfolgt nicht nur innerhalb der Automobilindustrie, sondern auch in nahezu allen anderen Branchen. Abb. 2.1 stellt die fünf Schritte der FMEA in Anlehnung an VDA 4 (2006) mit ihren Symbolen dar.

Schritt 0: Fokussierung, Teamzusammensetzung und Terminplanung

Target
Team
Termine

Wie eingangs beschrieben, sollte die FMEA frühzeitig begonnen werden, um die Fehlerbehebungskosten möglichst gering zu halten. Der *ideale Zeitpunkt* für die *System-FMEA* ist, wenn das *Funktionsprinzip* festgelegt ist, aber noch kein Sicherheitskonzept entwickelt wurde. Die *Konstruktions-FMEA* sollte nach der Konzeptfestlegung noch *vor der Detaillierung* gestartet werden. Bei der *Prozess-FMEA* ist der ideale Zeitpunkt, wenn das *Fertigungskonzept festgelegt* ist, aber noch *nicht* mit der *Beschaffung der Betriebsmittel* begonnen wurde. Die Durchführung der FMEA erfolgt in interdisziplinären Teams mit *Experten* aus den für die Entwicklung und Produktion des Produktes relevanten Bereichen unter Leitung eines erfahrenen und idealerweise ausgebildeten FMEA-Moderators. Um eine reibungslose Kommunikation sicherzustellen, sollte die Teamstärke *maximal 8 Personen* nicht übersteigen. Der *Moderator* leitet die Sitzungen und dokumentiert die Ergebnisse. Für die im Rahmen der FMEA festgelegten Maßnahmen zur Risikominimierung werden Verantwortliche definiert und mit einem Fertigstellungsdatum terminiert.

E. Hering und A. Schloske, *Fehlermöglichkeits- und Einflussanalyse*, essentials,
https://doi.org/10.1007/978-3-658-25763-7_2

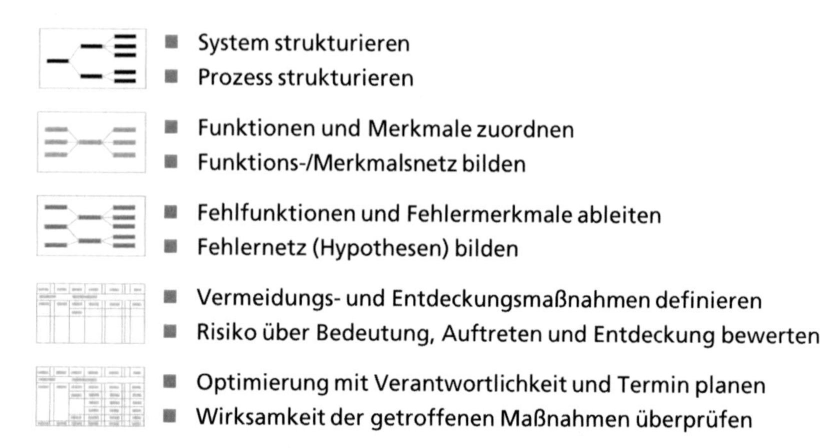

Abb. 2.1 Fünf Schritte der FMEA in Anlehnung an VDA 4 Kapitel 3 (2012). (Quelle: © Schloske 2018. All Rights Reserved)

Schritt 1: Systemstrukturierung

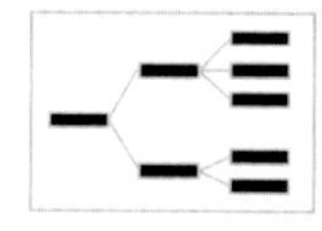

Im ersten Schritt erfolgt eine Systemstrukturierung. Dabei wird das Produkt bzw. der Prozess systematisch in einer Top-Down-Vorgehensweise in einzelne Systemelemente (Systeme, Baugruppen und Bauteile) und Schnittstellen zwischen den Systemelementen bzw. in wertschöpfende Prozessschritte und deren Einflussfaktoren (4 bis 6 Ms: Menschen, Maschinen, Material, Messmittel, Mitwelt, Methode) untergliedert. Eine Hilfe dabei können, sofern bereits vorhanden, Strukturstücklisten bzw. Prozessablaufpläne sein. Die daraus entstehende Systemstruktur wird als *System-* oder *Strukturbaum* bzw. *Prozessstruktur* oder *Prozessbaum* bezeichnet.

Schritt 2: Funktionszuordnung

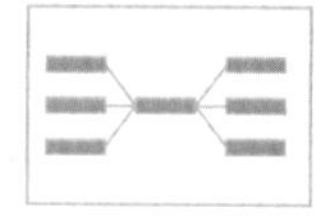

Im zweiten Schritt erfolgt eine *Funktionszuordnung.* Dabei werden den System- bzw. Prozesselementen des Struktur- bzw. Prozessbaumes je nach FMEA-Art Funktionen, Produktmerkmale und Prozessmerkmale zugeordnet. Die funktionalen Zusammenhänge zwischen den System- bzw. Prozesselementen werden in einem *Funktionsnetz* dargestellt.

Schritt 3: Fehler- oder Risikoanalyse

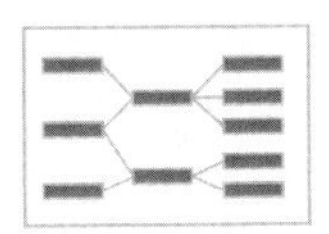

Im dritten Schritt erfolgt eine *Fehler-* oder *Risikoanalyse.* Dazu werden anhand der Funktionen und Merkmale der System- bzw. Prozesselemente potenzielle Fehlfunktionen oder Fehler abgeleitet. Die Zusammenhänge (Hypothesen) werden in einem *Fehlernetz* dargestellt.

Schritt 4: Maßnahmenanalyse und Risikobewertung

Im vierten Schritt werden den Risiken aus dem dritten Schritt im Rahmen der *Maßnahmenanalyse* Vermeidungs- und Entdeckungsmaßnahmen zugeordnet. Anschließend werden die potenziellen *Risiken* (Hypothesen) in Bezug auf die Auswirkungen auf den Kunden (Bedeutung B), die Wahrscheinlichkeit des Auftretens (Auftreten A) und die Wahrscheinlichkeit der Entdeckung (Entdeckung E) anhand von firmen- oder branchenspezifischen Bewertungstabellen bewertet.

Schritt 5: Risikominimierung oder Optimierung

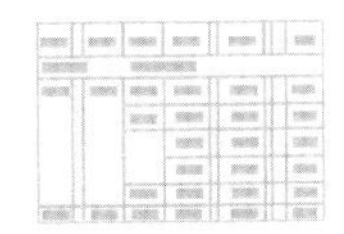

Auf Basis der Risikobewertung werden für besonders risikobehaftete Komponenten bzw. Prozesse *Verbesserungsmaßnahmen* zur Risikominimierung oder

Optimierung durchgeführt. In der Vergangenheit wurde das Risiko häufig an der sogenannten Risikoprioritätszahl RPZ festgemacht, die sich durch Multiplikation der drei Bewertungsfaktoren B, A und E ergibt (RPZ = B * A * E). Die Grenzen für ein Risiko reichten dabei von RPZ = 125 bis hin zu RPZ = 80; in Fällen mit sicherheitsrelevanter Auswirkung sogar bei RPZ = 40. Neuerdings werden zur Risikoermittlung sogenannte *Risikomatrizen* angewendet, die sich innerhalb der FMEA-Arten unterscheiden. Das Erarbeiten der notwendigen Verbesserungsmaßnahmen erfolgt in der Regel im interdisziplinären Team. Für die empfohlenen Verbesserungsmaßnahmen werden Verantwortliche zusammen mit einem Einführungstermin festgelegt. Grundsätzlich sind dabei fehlervermeidende Maßnahmen den fehlerentdeckenden vorzuziehen.

Die Ergebnisse der FMEA werden mithilfe eines *Formblattes* dokumentiert und dienen neben der Maßnahmenliste zur Kommunikation mit internen Personen und externen Kunden. Abb. 2.2 zeigt das FMEA-Formblatt nach VDA, wie es in der Automobilindustrie häufig eingesetzt wird. Auch, wenn das Unternehmen nicht in der Automobilindustrie tätig ist, ist es anzuraten, auf das VDA-Formblatt zurückzugreifen, da dieses bei der Darstellung (Beamerprojektion) und der Bearbeitung (Chronologie des Entwicklungsfortschrittes) entscheidende Vorteile bietet.

Fraunhofer IPA			Nummer: Seite:
Typ/Modell/Fertigung/Charge:	Sachnummer: Maßnahmenstand:	Verantwortlich: Firma:	Erstellt:
FMEA/Systemelement:	Sachnummer: Maßnahmenstand:	Verantwortlich: Firma:	Erstellt: Verändert:

Fehlerfolge	B	K	Fehlerart	K	Fehlerursache	K	Vermeidungsmaßnahme	A	Entdeckungsmaßnahme	E	RPZ	V/T

Abb. 2.2 FMEA-Formblatt nach VDA. (Quelle: Fraunhofer-Institut IPA)

Prinzipiell ist auch eine Erstellung der FMEA direkt im FMEA-Formblatt ohne die vorgelagerten Schritte der Struktur-, Funktions- und Risikoanalyse möglich. Dann besteht jedoch die Gefahr, dass nur bekanntes Wissen analysiert wird, oder dass eine Vermischung zwischen Fehler und Fehlerursache erfolgt. Im Falle einer alleinigen Erstellung im FMEA-Formblatt werden hohe Anforderungen und Kenntnisse der FMEA-Methodik an den FMEA-Moderator gestellt, damit derartige Fehler bei der Erstellung verhindert werden.

In den folgenden Kapiteln werden die unterschiedlichen Herangehensweisen und Bewertungen der drei verschiedenen FMEA-Arten näher beleuchtet.

3 System-FMEA

Ziel der System-FMEA ist die Überprüfung des Sicherheitskonzepts eines im Allgemeinen mechatronischen Systems auf *systematische Fehler.* Im Rahmen der System-FMEA werden folgende Fragestellungen beantwortet:

- Was kann im Betrieb passieren (und nicht, warum passiert es)?
- Wie lassen sich Fehler im Betrieb entdecken *(Fehlererkennung)?*
- Wie wird auf erkannte Fehler im Betrieb reagiert *(Fehlerreaktion)?*
- Wie lässt sich der geplante *Sicherheitsmechanismus* verifizieren?
- Wie sicher funktionieren die Fehlererkennungen und Fehlerreaktionen im Betrieb?

Falls erforderlich werden zusätzliche Fehlererkennungs- und Fehlerreaktionsmaßnahmen (*Vermeidungsmaßnahmen* der Fehlerfolge) für das Systemkonzept definiert (z. B. redundante Auslegung mit Wertevergleich). Die Entdeckungsmaßnahmen in der System-FMEA beziehen sich auf die Maßnahmen zur Verifizierung des Sicherheitskonzepts. Die *Risikobewertung* bewertet letztendlich die *Wirksamkeit des Sicherheitskonzeptes* (Technisches Sicherheitskonzept).

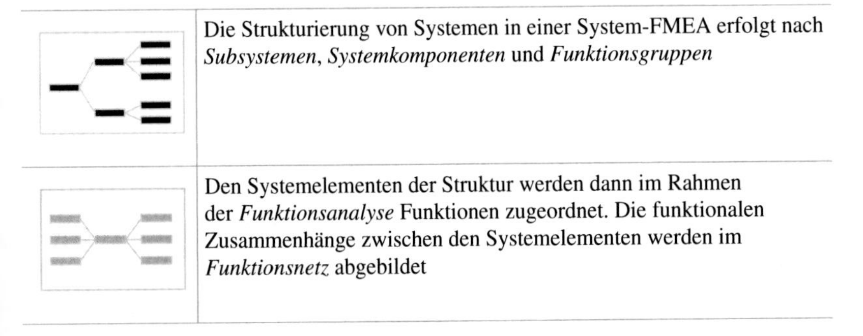

Die Strukturierung von Systemen in einer System-FMEA erfolgt nach *Subsystemen, Systemkomponenten* und *Funktionsgruppen*

Den Systemelementen der Struktur werden dann im Rahmen der *Funktionsanalyse* Funktionen zugeordnet. Die funktionalen Zusammenhänge zwischen den Systemelementen werden im *Funktionsnetz* abgebildet

E. Hering und A. Schloske, *Fehlermöglichkeits- und Einflussanalyse,* essentials,
https://doi.org/10.1007/978-3-658-25763-7_3

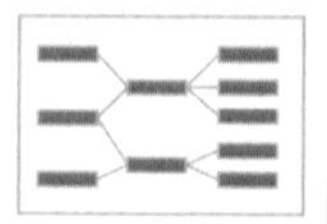

Im Rahmen der Risikoanalyse werden anhand der Funktionen mögliche *Fehlfunktionen* abgeleitet. Diese können bisweilen auch noch in verschiedene *Betriebszustände* unterteilt werden. Bei der Analyse der Fehlfunktionen ist es wichtig, dass die Fehlfunktionen und Betriebszustände äußerst präzise bezeichnet werden. Globale Fehlfunktionen wie „Sensor n.i.O." oder „Sensor defekt" führen zu wenig aussagekräftigen Ergebnissen und gehören nicht in eine System-FMEA. Vielmehr sollten die Fehlfunktionen analog zu der *HAZOP-Analyse* (HAZOP: HAZard and OPerability: Gefahrenanalyse und Maßnahmen) wie z. B. „Sensor x gibt dauerhaft Signal=0" oder „Sensorsignal y kommt zeitlich vor Erreichen der Position z" bezeichnet werden. Abb. 3.1 zeigt beispielhaft verschiedene Fehlerzustände. Die Zusammenhänge der Fehlfunktionen und Betriebszustände werden im *Fehlernetz* visualisiert

Den so ermittelten Risiken (Hypothesen) des Systems im Betrieb werden nun die bisher geplanten Sicherheitsmechanismen gegenübergestellt bzw., falls noch

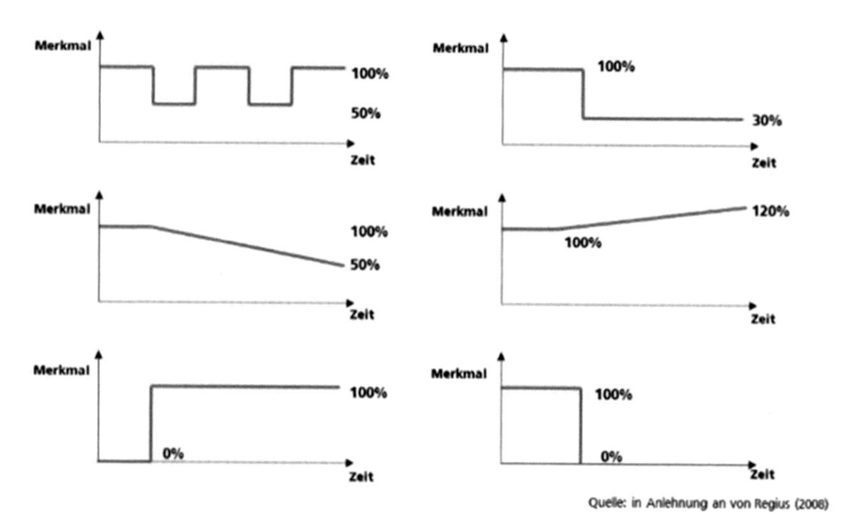

Abb. 3.1 Fehlerzustände in der System-FMEA. (Quelle: © Schloske 2018. All Rights Reserved, in Anlehnung an von Regius 2008)

nicht vorhanden, definiert. Dies sind zum einen die *Fehlererkennung* (im Allgemeinen bezogen auf die Fehlerursache) und zum anderen die *Fehlerreaktion.* Beide zusammen werden als *Fehlervermeidungsmaßnahmen* geführt, da sie nur gemeinsam die Fehlerfolge – also die Auswirkung auf das System und somit auf den Kunden – vermeiden können. Als Entdeckungsmaßnahmen werden in der System-FMEA die Maßnahmen eingetragen, die zur Verifizierung der Funktionssicherheit des Sicherheitsmechanismus in der Entwicklung dienen sollen. Da deren Funktionalität im Allgemeinen nicht mehr durch die klassischen Erprobungsverfahren (z. B. Dauerlaufversuch) verifiziert werden können, kommen hier oftmals sogenannte *Fault-Injection-Tests* zum Einsatz, bei denen gezielt die Fehlerursache im System herbeigeführt wird (z. B. gezieltes Einspielen eines fehlerhaften Sensorsignals), um die Funktionssicherheit des Sicherheitsmechanismus (Fehlererkennung und Fehlerreaktion) nachzuweisen. Das Denkmodell zur Zuweisung der Sicherheitskonzepte und der Verifizierungsmaßnahmen für die Sicherheitskonzepte ist in Abb. 3.2 dargestellt.

Die Risikobewertung erfolgt sinnvollerweise nach den *Bewertungstabellen* der System-FMEA (Tab. 3.1).

Bei der Risikobewertung ist es wichtig, dass die drei Bewertungsfaktoren unabhängig voneinander betrachtet werden. Annahmen bei der Bewertung unterstützen eine korrekte Risikobewertung. Folgende Annahmen sollten im Rahmen der Risikobewertung für die einzelnen Faktoren getroffen werden.

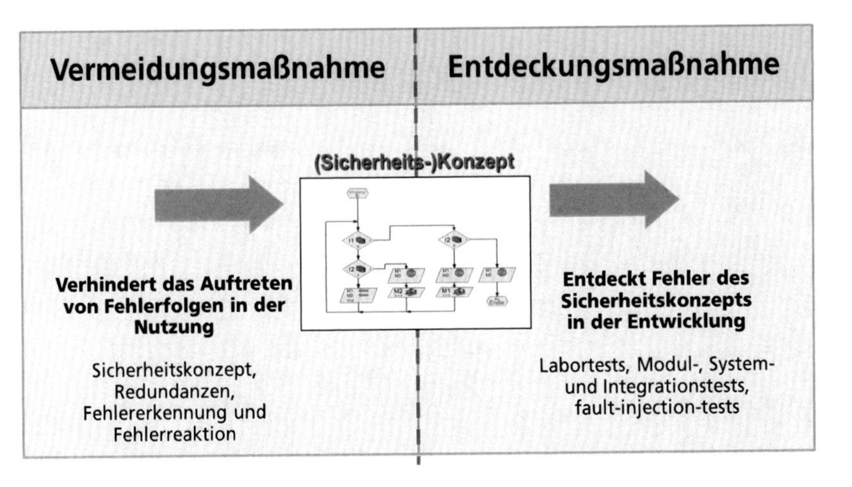

Abb. 3.2 Denkmodell für Maßnahmen in der System-FMEA. (Quelle: © Schloske 2018. All Rights Reserved)

Tab. 3.1 Bewertungstabellen in der System-FMEA. (Quelle: AIAG und VDA, Gelbband 2017)

B	Bedeutung	A	Auftretenswahrscheinlichkeit	E	Entdeckungswahrscheinlichkeit
10	**Sicherheit** – Auswirkung auf die sichere Nutzung des Produktes. **Gesundheit** – Die Gesundheit des Nutzers oder anderer Personen könnte gefährdet sein	10	**Auftreten** während der Lebensdauer **kann** zu diesem Zeitpunkt **nicht bestimmt werden**. **Keine Vermeidungsmaßnahme** vorhanden. Zu erwartendes **Auftreten** über die Lebensdauer der Komponente ist extrem hoch	10	**Absolut unsicher – Kein Test** oder **keine Testverfahren** vorhanden
9	**Gesetze** – Nichteinhaltung von gesetzlichen und behördlichen Vorgaben	9	**Sehr hohes Auftreten** während der Lebensdauer der Komponente	9	**Sehr unsicher** – Testverfahren nicht ausgelegt, um spezifische Fehlerursache zu erkennen
8	**Verlust** einer **Hauptfunktion** über die vorgesehene Lebensdauer	8	**Hohes Auftreten** während der Lebensdauer der Komponente	8	Fähigkeit, um Fehlerursache zu entdecken ist **unsicher,** basierend auf den Verifizierungs- oder Validierungsverfahren, Testumfang, Einsatzbedingungen
7	**Herabsetzung** einer **Hauptfunktion** während der vorgesehenen Lebensdauer	7	**Moderat hohes Auftreten** während der Lebensdauer der Komponente	7	Fähigkeit, um Fehlerursache zu entdecken ist **sehr gering,** basierend auf den Verifizierungs- oder Validierungsverfahren, Testumfang, Einsatzbedingungen
6	**Verlust** einer **Komfortfunktion** während der vorgesehenen Lebensdauer	6	**Moderates Auftreten** während der Lebensdauer der Komponente	6	Fähigkeit, um Fehlerursache zu entdecken, ist **gering,** basierend auf den Verifizierungs- oder Validierungsverfahren, Testumfang, Einsatzbedingungen

(Fortsetzung)

Tab. 3.1 (Fortsetzung)

B	Bedeutung	A	Auftretenswahrscheinlichkeit	E	Entdeckungswahrscheinlichkeit
5	**Herabsetzung** einer **Komfortfunktion** während der vorgesehenen Lebensdauer	5	**Moderat geringes Auftreten** während der Lebensdauer der Komponente	5	Fähigkeit, um Fehlerursache zu entdecken ist **mäßig,** basierend auf den Verifizierungs- oder Validierungsverfahren, Testumfang, Einsatzbedingungen
4	**Wahrnehmbare Qualität** von Optik, Akustik oder Haptik durch die **meisten Kunden**	4	**Geringes Auftreten** während der Lebensdauer der Komponente	4	Fähigkeit, um Fehlerursache zu entdecken, ist **mäßig hoch,** basierend auf den Verifizierungs- oder Validierungsverfahren, Testumfang, Einsatzbedingungen
3	**Wahrnehmbare Qualität** von Optik, Akustik oder Haptik durch **viele Kunden**	3	**Geringes Auftreten** während der Lebensdauer der Komponente	3	Fähigkeit, um Fehlerursache zu entdecken, ist **hoch,** basierend auf den Verifizierungs- oder Validierungsverfahren, Testumfang, Einsatzbedingungen
2	**Wahrnehmbare Qualität** von Optik, Akustik oder Haptik durch **einige Kunden**	2	**Sehr geringes Auftreten** während der Lebensdauer der Komponente	2	Fähigkeit, um Fehlerursache zu entdecken, ist **sehr hoch,** basierend auf den Verifizierungs- oder Validierungsverfahren, Testumfang, Einsatzbedingungen
1	**Keine** wahrnehmbare **Auswirkung**	1	**Auftreten** des Fehlers während der Lebensdauer **ist ausgeschlossen**	1	Fähigkeit, um Fehlerursache zu entdecken, ist **sicher,** basierend auf den Verifizierungs- oder Validierungsverfahren, Testumfang, Einsatzbedingungen

- B: Fehlerfunktion beim *Kunden im Betrieb*
- A: Auftretenswahrscheinlichkeit einer Fehlfunktion an einer *Systemkomponente* oder einer *Schnittstelle* im Betrieb
- E: Entdeckungswahrscheinlichkeit einer Fehlfunktion an der Systemkomponente oder Schnittstelle im Betrieb.

Das Vorgehen zeigt Abb. 3.3.

Bei der Beurteilung des Risikos im jeweiligen Maßnahmenstand kommen sogenannte *Risikomatrizen* zur Anwendung. Dies sind in der Entwicklung die B * A-Matrix und die B * E-Matrix (Abb. 3.4).

Risikomatrix über B * A *(Produktrisiko):* Die Risikomatrix über B * A beurteilt die Sicherheit des Produktes im Betrieb unter Berücksichtigung der potenziellen Auswirkung auf den Kunden.

Risikomatrix über B * E *(Verifizierungsrisiko):* Beurteilung der Wahrscheinlichkeit zum Nachweis der Funktionstüchtigkeit des Sicherheitsmechanismus innerhalb der Entwicklung unter Berücksichtigung der potenziellen Auswirkung auf den Kunden.

*Risikomatrix über A * E:* Die Risikomatrix über A * E für den letzten Maßnahmenstand beurteilt, inwiefern die Funktionalität des Sicherheitsmechanismus in der Entwicklung verifiziert werden konnte. Der letztendliche Maßnahmenstand sollte in der Entwicklung im *grünen Bereich* der A * E-Matrix liegen. In Abhängigkeit der

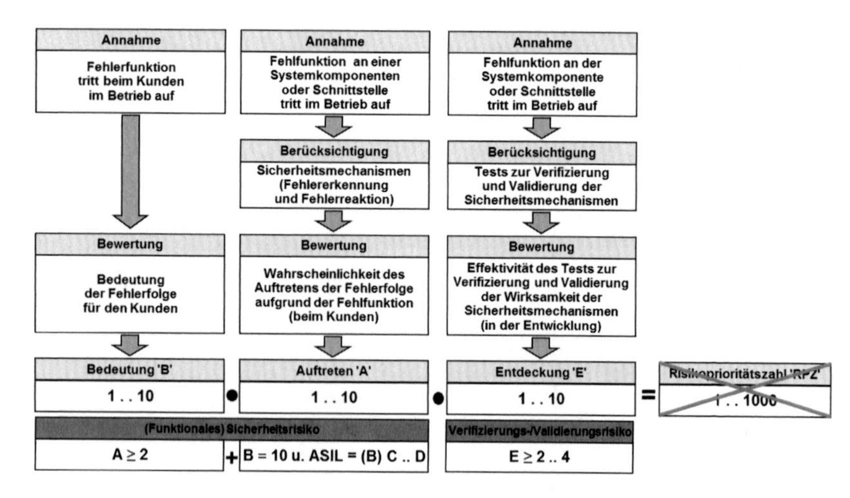

Abb. 3.3 Bewertung in der System-FMEA. (Quelle: © Schloske 2018. All Rights Reserved)

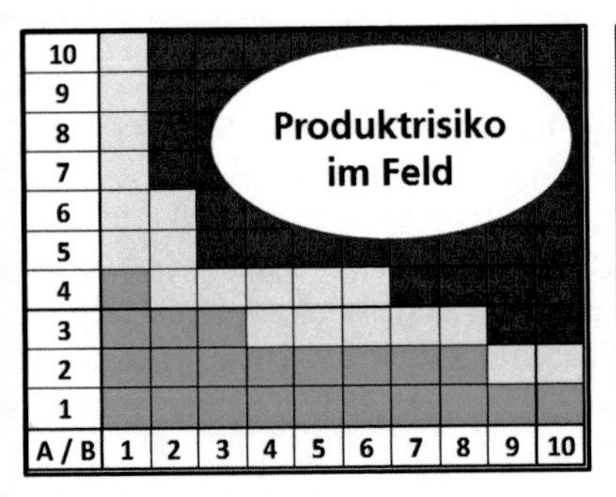

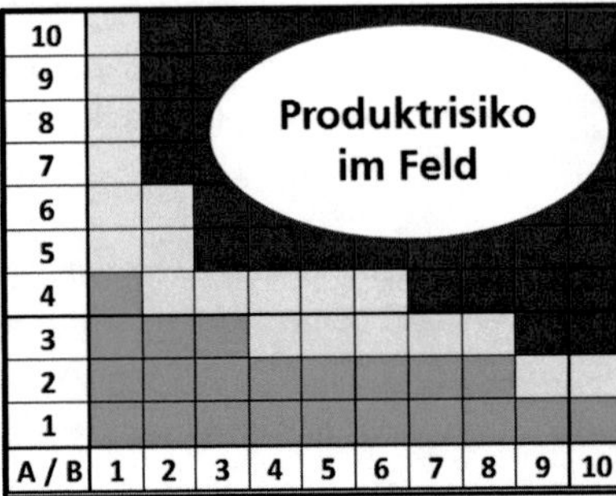

Abb. 3.4 Risikomatrizen B * A und B * E in der Konstruktions-FMEA. (Quelle: © Schloske 2018. All Rights Reserved, in Anlehnung an VDA 2006)

Schwere (Severity)
S0: **keine** Verletzungsgefahr
S1: **geringe** und **mäßige** Verletzungen
S2: **ernste** und **möglicherweise tödliche** Verletzungen
S3: **schwere** und **wahrscheinlich tödliche** Verletzungen

Häufigkeit des Ausgesetztseins (Exposure)
E0: **unwahrscheinlich:** Situation ist unwahrscheinlich
E1: **selten:** Situation tritt für die meisten Fahrer seltener als einmal pro Jahr auf
E2: **gelegentlich:** Situation tritt für die meisten Fahrer wenige Male pro Jahr auf
E3: **ziemlich oft:** Situation tritt für Durchschnittsfahrer einmal im Monat oder öfter auf
E4: **oft:** Situation die bei nahezu jeder Fahrt auftritt

Beherrschbarkeit (Controllability)
C0: **generell beherrschbar:**
C1: **einfach beherrschbar:** mehr als 99% der Fahrer oder der anderen Verkehrsteilnehmer können den Schaden üblicherweise abwenden
C2: **durchschnittlich beherrschbar**: mehr als 90% der Fahrer oder der anderen Verkehrsteilnehmer können den Schaden üblicherweise abwenden
C3: **schwierig oder gar nicht beherrschbar**: weniger als 90% der Fahrer oder der anderen Verkehrsteilnehmer können den Schaden üblicherweise abwenden

Exposure E Controllability C

Severity S		C0	C1	C2	C3
S0	E0 – E4	QM	QM	QM	QM
S1	E0	QM	QM	QM	QM
	E1	QM	QM	QM	QM
	E2	QM	QM	QM	QM
	E3	QM	QM	QM	A
	E4	QM	QM	A	B
S2	E0	QM	QM	QM	QM
	E1	QM	QM	QM	QM
	E2	QM	QM	QM	A
	E3	QM	QM	A	B
	E4	QM	A	B	C
S3	E0	QM	QM	QM	QM
	E1	QM	QM	QM	A
	E2	QM	QM	A	B
	E3	QM	A	B	C
	E4	QM	B	C	[illegible]

Abb. 3.5 Risikograf nach ISO 26262:2011. (Quelle: © Schloske 2018. All Rights Reserved, nach ISO 26262: 2011)

Risiken können die grünen, gelben und roten Bereiche unternehmens- und branchenspezifisch angepasst werden. Die in Abb. 3.4 dargestellten Risikomatrizen für A * E in Abhängigkeit vom *Automotive Safety Integrity Level* (ASIL) gemäß ISO 26262:2011 stellen lediglich einen Vorschlag dar. Der *Risikograf* nach ISO 26262:2011 (Abb. 3.5) klassifiziert potenzielle Fehlerfolgen eines Produkts zu einer Fehlfunktion anhand der zu erwartenden Nutzungsszenarien unter Zuhilfenahme von:

- *Schwere* der Auswirkungen für den Nutzer sowie andere Beteiligte
- *Häufigkeit* des Ausgesetztseins in dem Nutzungsszenario
- *Beherrschbarkeit* der potenziellen Fehlerfolgen durch den Nutzer sowie anderer Beteiligte.

Dabei wird angenommen, dass geltende Vorschriften und Vorgaben eingehalten werden. Nicht berücksichtigt werden geplante Absicherungsmaßnahmen und Sicherheitskonzepte. Abb. 3.6 zeigt Vorschläge für Risikomatrizen in Abhängigkeit vom ASIL. Daraus ist ersichtlich, dass bei steigendem ASIL die Zuverlässigkeit der

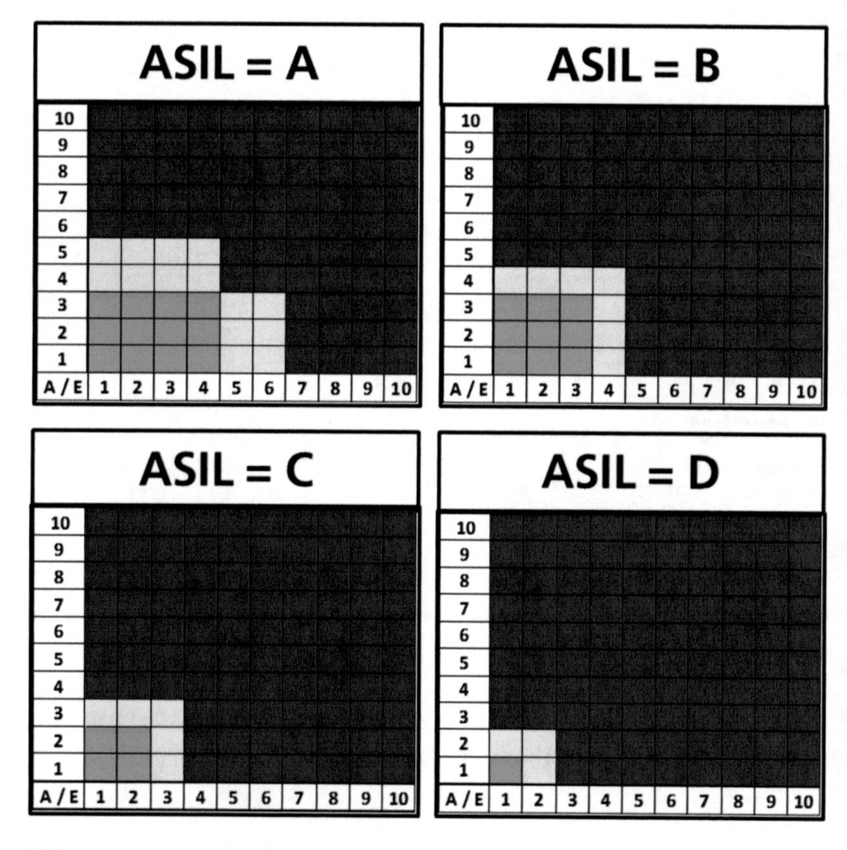

Abb. 3.6 Vorschlag für Risikomatrizen A*E in Abhängigkeit vom ASIL. (Quelle: © Schloske 2018. All Rights Reserved)

Absicherungsmaßnahmen zunehmen muss (A→ 1) sowie deren Funktionsnachweis valider werden muss (E→ 1).

Beispiel System-FMEA
Als Beispiel für eine System-FMEA sei eine gegenläufige Tür in einem Kraftfahrzeug gewählt. Die Tür muss bei Überschreitung einer Geschwindigkeit v>4 km/h sicher durch einen Mechanismus gegen ein versehentliches Öffnen von innen verriegelt werden. Dazu wird u. a. die Geschwindigkeit erfasst, die Verriegelung der Tür ermittelt und – falls erforderlich – von einer Steuerung Strom zur Verriegelung der Tür durch einen Aktuator abgegeben. Die folgenden Abbildungen beschreiben die Vorgehensweise in einer System-FMEA anhand der ASIL-Einstufung (Abb. 3.7), der Systemstruktur (Abb. 3.8), der Funktionsanalyse (Abb. 3.9), der Risikoanalyse (Abb. 3.10) sowie der Maßnahmenanalyse (Abb. 3.11) im FMEA-Formblatt.

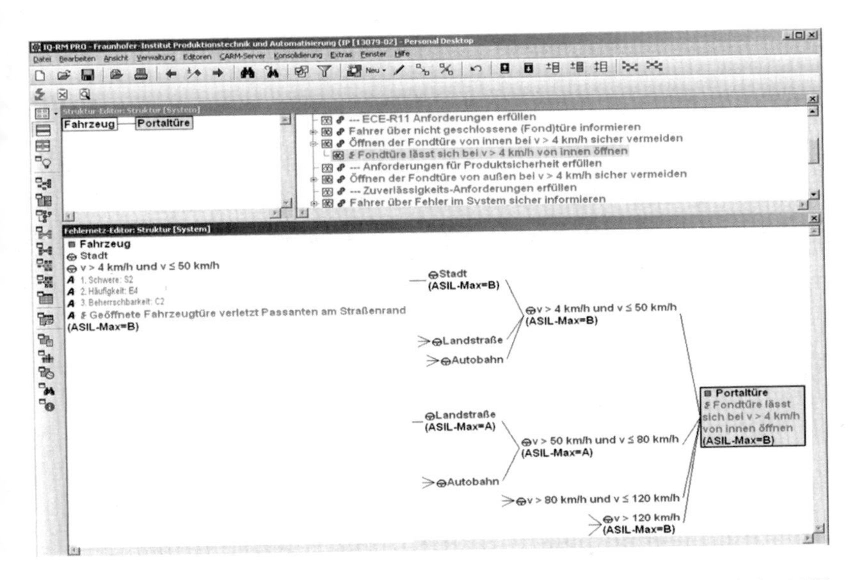

Abb. 3.7 ASIL-Einstufung. (Quelle: © Schloske 2018. All Rights Reserved, in APIS IQ-RM-PRO)

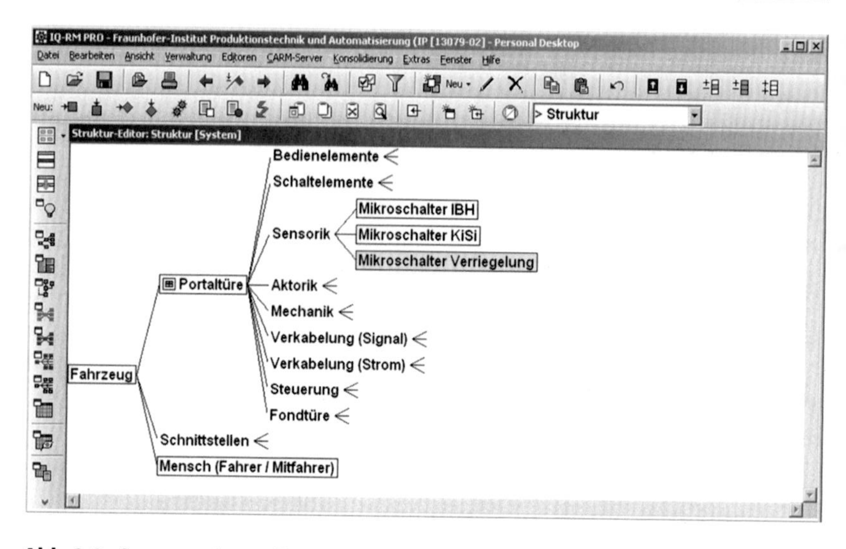

Abb. 3.8 Systemstruktur. (Quelle: © Schloske 2018. All Rights Reserved, in APIS IQ-RM-PRO)

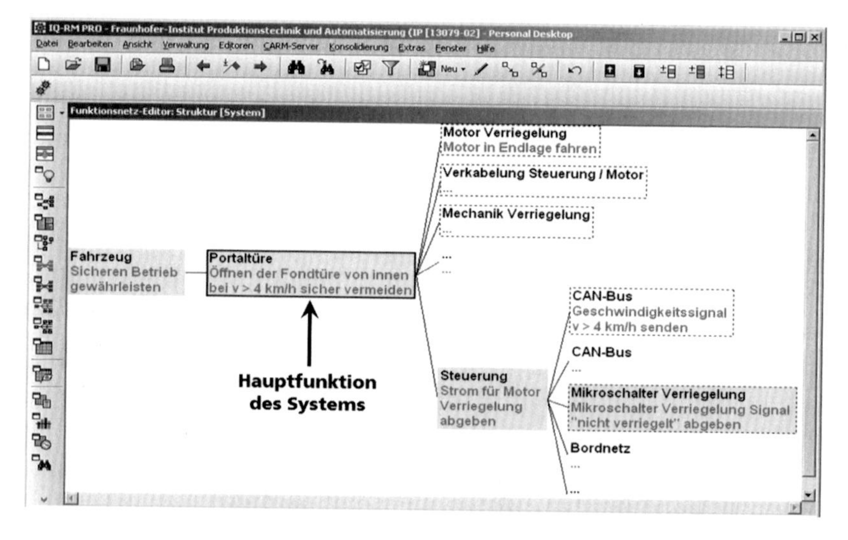

Abb. 3.9 Funktionsanalyse. (Quelle: © Schloske 2018. All Rights Reserved, in APIS IQ-RM-PRO)

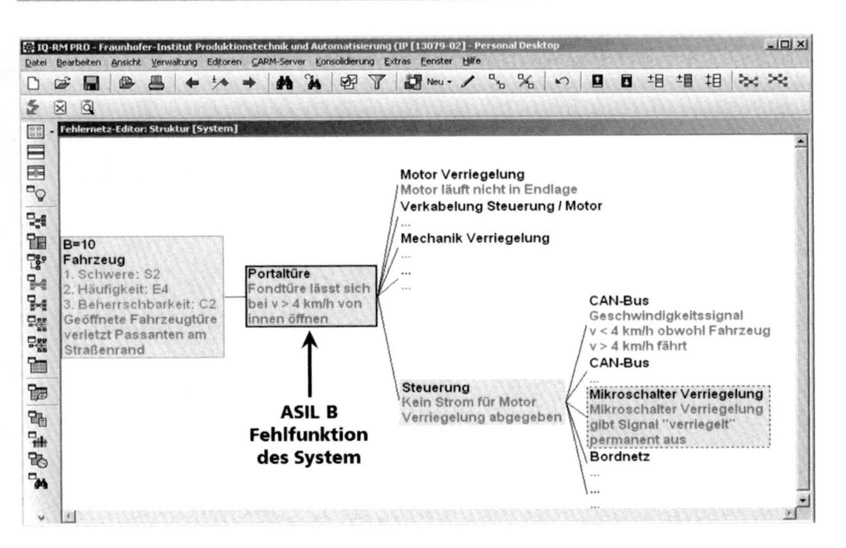

Abb. 3.10 Risikoanalyse. (Quelle: © Schloske 2018. All Rights Reserved, in APIS IQ-RM-PRO)

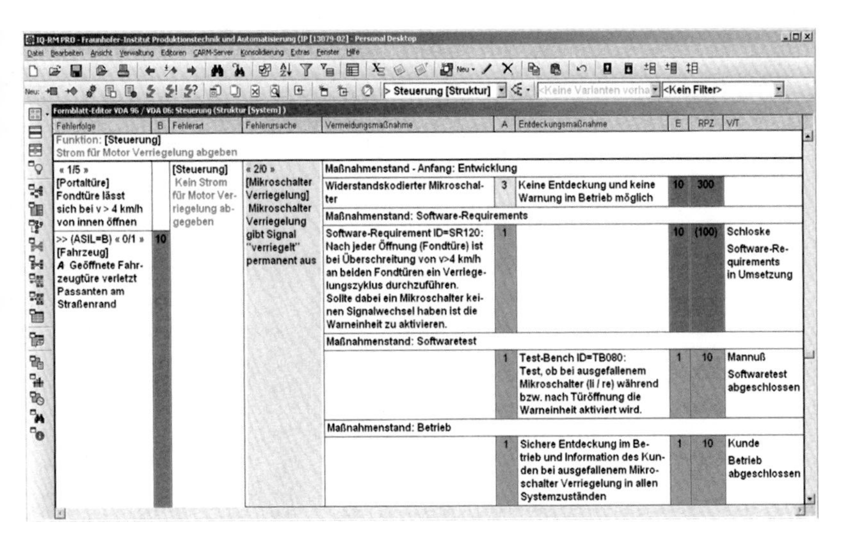

Abb. 3.11 Maßnahmenanalyse im FMEA-Formblatt. (Quelle: © Schloske 2018. All Rights Reserved, in APIS IQ-RM-PRO)

4 Konstruktions-FMEA

Ziel der Konstruktions-FMEA ist die Überprüfung der *Zuverlässigkeit* bei der Entwicklung eines Produktes und seiner Komponenten. Im Rahmen der Konstruktions-FMEA werden folgende Fragestellungen beantwortet:

- Welche *Fehler* sind aufgrund welcher *Ursachen* potenziell möglich?
- Warum und wie *wahrscheinlich* kann die Komponente im Betrieb versagen (*Auftretenswahrscheinlichkeit A*)?
- Wann, wie und wie sicher lässt sich die fehlerhaft entwickelte Komponente innerhalb der Entwicklung entdecken *(Entdeckungswahrscheinlichkeit E)?*

Falls erforderlich, werden zusätzliche Vermeidungs- und/oder Entdeckungsmaßnahmen für die Entwicklung definiert. Die *Vermeidungsmaßnahmen* in der Konstruktions-FMEA stellen dabei Maßnahmen zur Verbesserung der konzeptionellen Auslegung dar (z. B. Toleranzanalyse, Simulation). Die *Entdeckungsmaßnahmen* in der Konstruktions-FMEA stellen Maßnahmen zur Überprüfung der entwickelten Funktionalität dar. Die *Risikobewertung* bewertet letztendlich, inwieweit die Funktionalität des Produktes unter den zu erwartenden Umgebungs- und Nutzungsbedingungen über die geplante Lebensdauer erfüllt wird.

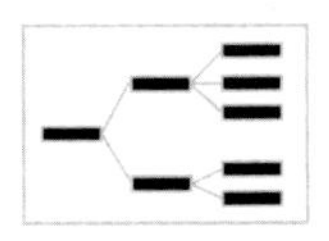

Die *Strukturierung* von Produkten und Komponenten in einer Konstruktions-FMEA erfolgt nach *Baugruppen* und *Bauteilen.* Im Wurzelelement steht dabei meist der Kunde bzw. das Kundensystem. In der zweiten Ebene steht im Allgemeinen

E. Hering und A. Schloske, *Fehlermöglichkeits- und Einflussanalyse,* essentials,
https://doi.org/10.1007/978-3-658-25763-7_4

das zu betrachtende Produkt. In der dritten Ebene wird meist der Zusammenbau (ZB) des Produktes dargestellt. Von dieser Stelle aus kann das Produkt über Baugruppen bis auf die Ebene der Bauteile weiter im Detail strukturiert werden. Eine Ebene Merkmalseigenschaften (Material/Geometrie) existiert nicht. Normteile und Zukaufteile können mit in die Struktur aufgenommen werden. Sie werden aber im Folgenden nur bezüglich ihrer korrekten Auswahl betrachtet. Abb. 4.1 zeigt beispielhaft eine Systemstruktur in der Konstruktions-FMEA.

Werden bei der Entwicklung *Übernahmeteile* (carry-over parts) verwendet, so können diese von der weiteren Betrachtung ausgeschlossen werden, sofern die drei Abfragen: „bekannt bei uns?", „bewährt bei uns?" und „vergleichbare Einsatzbedingen?" jeweils mit „Ja" beantwortet werden können. Firmenspezifische Risikofilter erlauben eine strukturierte Priorisierung der zu betrachtenden Komponenten.

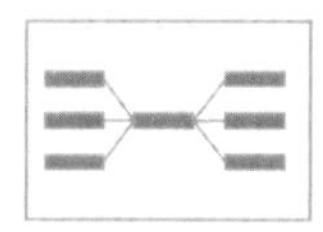

Den Elementen der Systemstruktur werden dann im Rahmen der *Funktionsanalyse* Funktionen und Merkmale zugeordnet. Dabei lassen sich einfache Regeln anwenden. *Funktionen* existieren nur *zwischen Baugruppen und Bauteilen,* während *Bauteile* nur

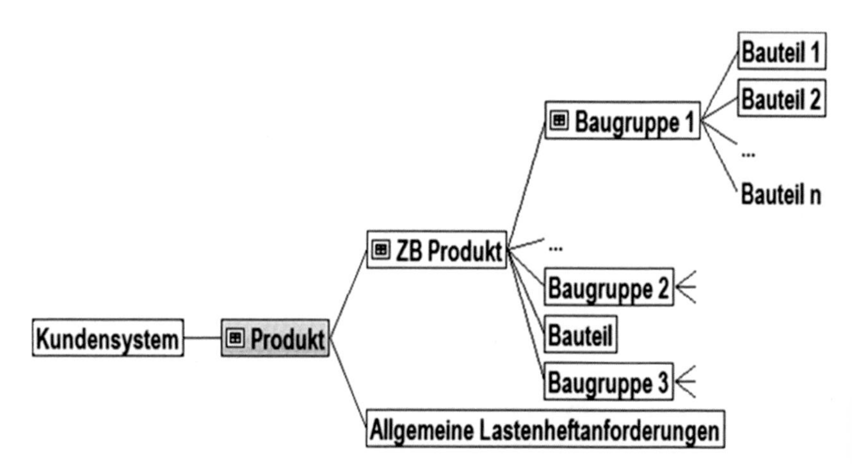

Abb. 4.1 Systemstruktur in der Konstruktions-FMEA. (Quelle: © Schloske 2018. All Rights Reserved)

Produktmerkmale besitzen. Auf der *Produktebene* stehen nur die *Primärfunktionen* des Produktes (also das, weshalb und wofür der Kunde das Produkt kauft), während auf der ZB-Ebene und den *Baugruppenebenen* die *(Sekundär-/Schutz-)Funktionen* stehen, die sich zwischen Baugruppen und Bauteilen ergeben. Die funktionalen Zusammenhänge zwischen den Komponenten werden wiederum im *Funktionsnetz* abgebildet. Abb. 4.2 zeigt beispielhaft ein Funktions-Merkmalsnetz für ein Magnetventil.

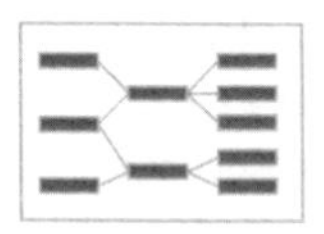

Im Rahmen der *Risikoanalyse* werden anhand der Funktionen und Merkmalen mögliche *Fehlfunktionen* und *Fehler* abgeleitet. Auch hier ist es bei der Analyse der Fehlfunktionen und Fehlern wichtig, dass die Fehlfunktionen und Fehler präzise bezeichnet werden. Fehlfunktionen, wie beispielsweise „Durchmesser falsch" gehören nicht in die Konstruktions-FMEA. Die Zusammenhänge der Fehlfunktionen und Fehler werden im *Fehlernetz* visualisiert.

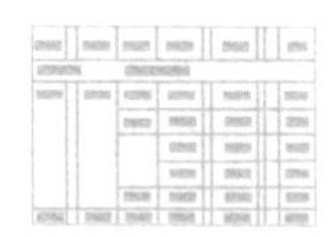

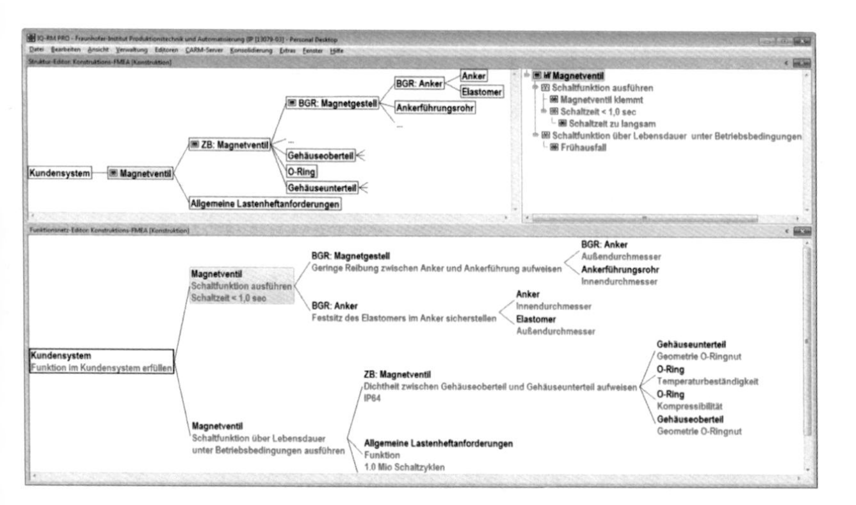

Abb. 4.2 Funktions-/Merkmalsnetz für ein Magnetventil. (Quelle: © Schloske 2018. All Rights Reserved, in APIS IQ-RM-PRO)

Den so ermittelten Risiken (Hypothesen) des Systems werden nun die bisher *geplanten Vermeidungs- und Entdeckungsmaßnahmen* gegenübergestellt bzw., falls noch nicht vorhanden, definiert. Die Vermeidungsmaßnahmen beziehen sich dabei im Allgemeinen auf die Fehlerursache und beinhalten Entwicklungsaktivitäten (z. B. Toleranzanalyse, Simulation) bzw. Begründungen, warum die potenzielle Fehlerursache in der Entwicklung nicht auftreten kann. Als Entdeckungsmaßnahmen werden in der Konstruktions-FMEA Maßnahmen eingetragen, die zur Verifizierung der Funktionalität unter den Umgebungs- und Nutzungsbedingungen über die Lebensdauer für die verschiedenen Entwicklungsmuster geplant sind (z. B. Dauerlaufversuch, Salzsprühnebeltest, Temperaturwechseltest). Bei der Zuordnung der Maßnahmen als Vermeidungs- oder Entdeckungsmaßnahme kann das Denkmodell aus Abb. 4.3 verwendet werden.

Bei der Auswahl und Festlegung der Entdeckungsmaßnahmen eignet sich das *Parameter-Diagramm* aus der AIAG-Schrift von 2008 als Denkmodell (Abb. 4.4).

In Abhängigkeit von den zu erwartenden Störgrößen auf das Produkt sind die geeigneten *Verifizierungsmaßnahmen* zu planen. Diese Verifizierungsmaßnahmen sollen im Folgenden kurz mit ihrem Symbol in der linken oberen Ecke angesprochen werden.

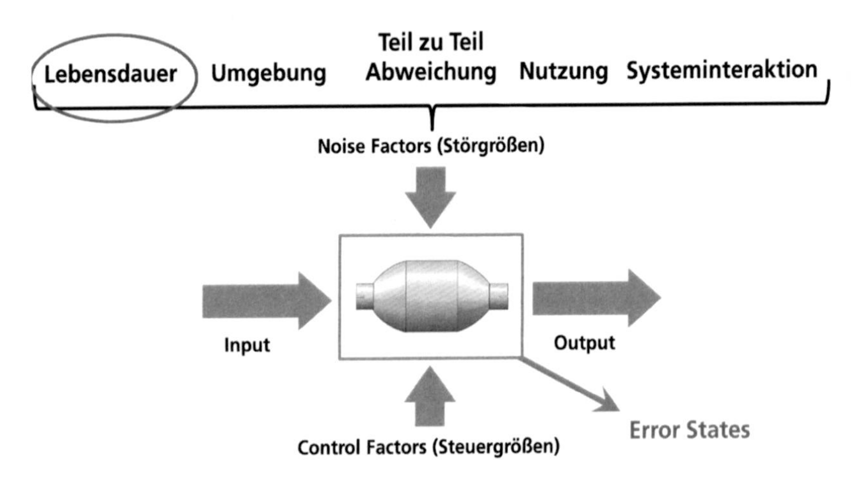

Definition von Verifizierungsmaßnahmen zum Nachweis, dass die untersuchte Einheit unter den zu erwartenden *„Lebensdauereinflüssen“* die definierten Anforderungen zuverlässig erfüllen. Optimale Maßnahmen stellen Komponententest unter Nutzungsbedingungen mit Funktionstest bzw. Beurteilung vorher/nachher dar. Die Stichprobengröße kann gering gewählt werden. Als Beispiel sei ein Strukturbelastungstest zur

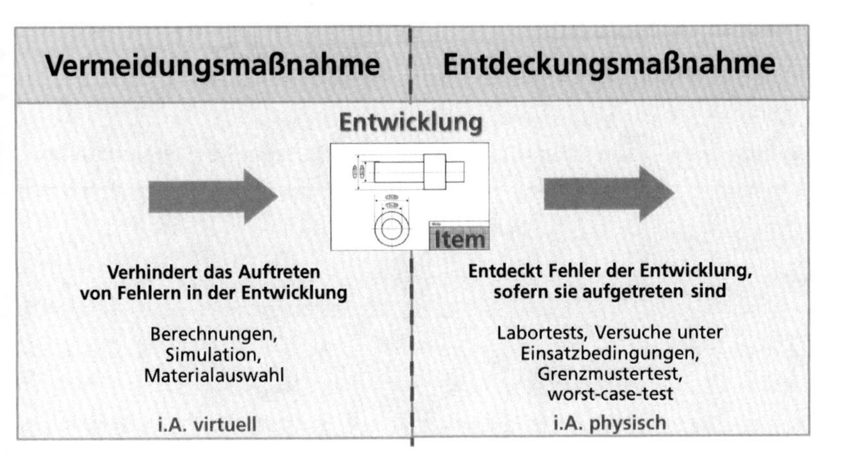

Abb. 4.3 Zuordnung der Maßnahmen als Vermeidungs- oder Entdeckungsmaßnahme. (Quelle: © Schloske 2018. All Rights Reserved)

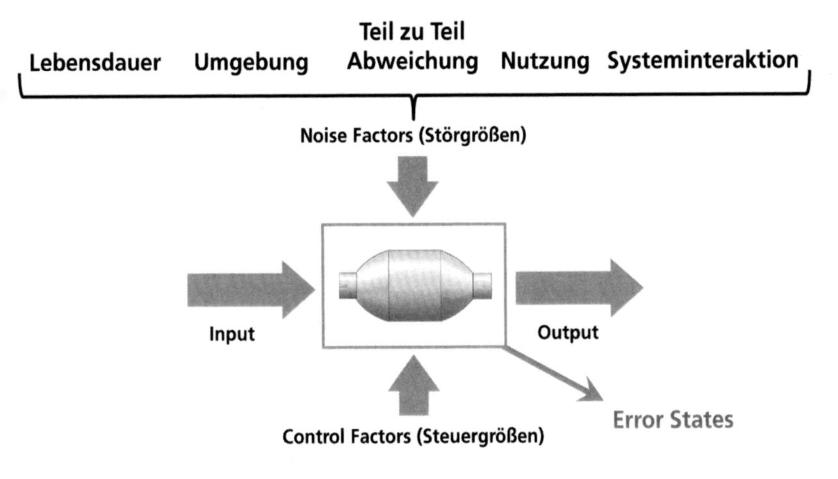

Abb. 4.4 Parameter-Diagramm in Anlehnung an AIAG (2008). (Quelle: © Schloske 2018. All Rights Reserved, in Anlehnung an AIAG 2008)

Simulation von 60.800 Flügen (Flugzyklen) genannt, welche einer Betriebszeit von rund 80 Jahren entspricht (3,2-faches Flugzeugleben des A380).

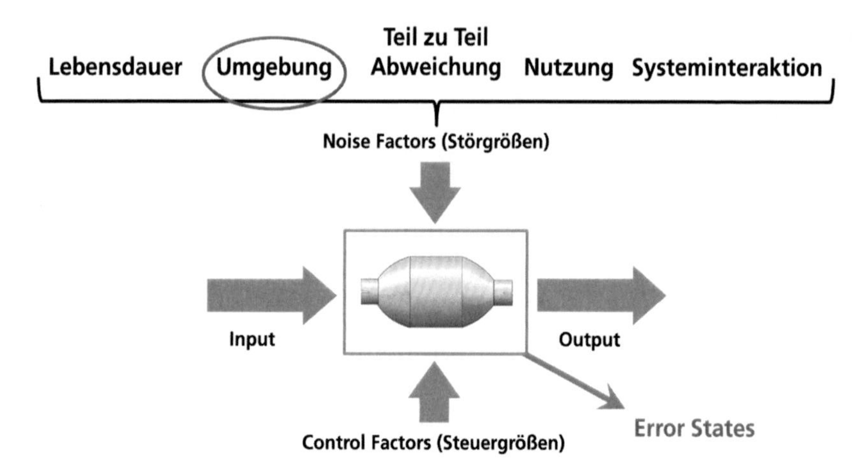

Definition von Verifizierungsmaßnahmen zum Nachweis, dass die untersuchte Einheit unter den zu erwartenden *„Umgebungseinflüssen"* die definierten Anforderungen robust erfüllt. Optimale Maßnahmen stellen Funktionstest unter Umgebungseinflüssen *(Grenzwerte)* dar. Die Stichprobengröße kann gering gewählt werden. Als Beispiele seien Klimawechseltest, Hoch-/Tieftemperaturlagerung, Salzsprühnebeltest und UV-Beaufschlagung genannt.

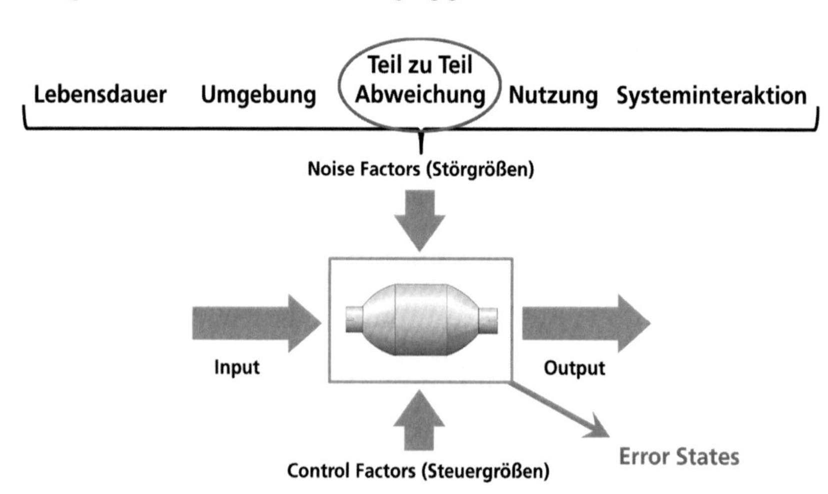

Definition von Verifizierungsmaßnahmen zum Nachweis, dass die untersuchte Einheit unter den gegebenen *„Teil zu Teil Einflüssen" (algorithmierbar)* die definierten Anforderungen robust erfüllt. Optimale Maßnahmen stellen *Funktionstests* unter Nutzungsbedingungen mit *Grenzmustern* dar. Die Stichprobengröße kann sehr klein (i. A. eins) gewählt werden. Als Beispiel soll die Funktionsfähigkeit eines Magnetventils unter Nutzungsbedingungen bei Verwendung von Grenzmustern für Anker und Ankerführungsrohr genannt werden.

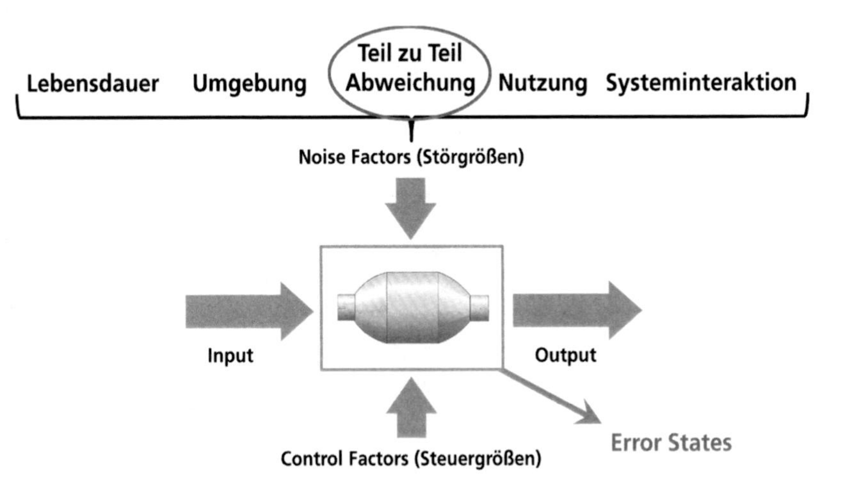

Definition von Verifizierungsmaßnahmen zum Nachweis, dass die untersuchte Einheit unter den gegebenen *„Teil zu Teil Einflüssen" (statistische Einflüsse)* die gestellten Anforderungen robust erfüllt. Optimale Maßnahmen stellen zerstörende Prüfungen oder Funktionstest unter Nutzungsbedingungen bei speziellen Prozessen dar, deren Ergebnisse später nicht überprüft werden können (z. B. Schweißen, Kleben). Die Stichprobengröße sollte dabei ausreichend groß gewählt werden. Als Beispiel sei das Kleben von Mustern mit Dokumentation der Parameter und anschließender (zerstörender) Prüfung zum Nachweis der Erfüllung der Anforderungen genannt.

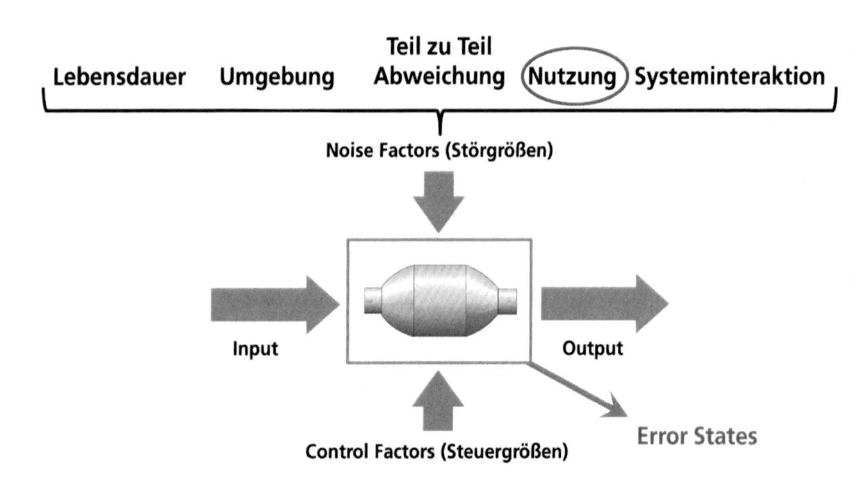

Definition von Verifizierungsmaßnahmen zum Nachweis, dass die untersuchte Einheit unter den zu erwartenden *„Nutzungseinflüssen“* die definierten Anforderungen zuverlässig erfüllt. Optimale Maßnahmen stellen *Funktionstests* unter Nutzungsbedingungen dar. Die Stichprobengröße sollte mittel (z. B. 20 bis 50 Versuche) gewählt werden. Als Beispiele seien kundennahe Fahrerprobung, Prüfsequenzen unter Kundeneinfluss oder Usertests genannt.

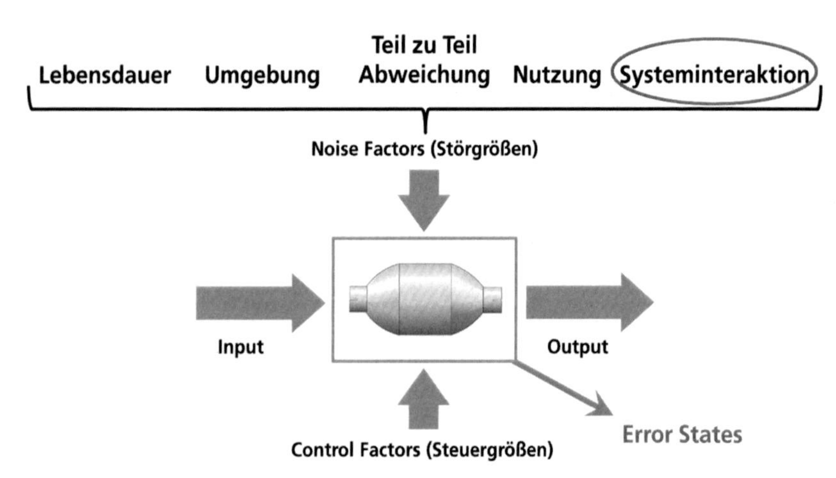

Definition von Verifizierungsmaßnahmen zum Nachweis, dass die untersuchte Einheit unter den definierten *„Systeminteraktionen“* die definierten Anforderungen zuverlässig erfüllt. Optimale Maßnahmen stellen *Fault Injection Tests* (absichtliche Fehlereinspeisung) dar. Die Stichprobengröße kann sehr klein (i. A. eins) gewählt werden. Als Beispiel sei die Manipulation eines Sensors mit anschließender Überschreitung eines Grenzwertes zum Nachweis der Funktionsfähigkeit des Sicherheitsmechanismus genannt.

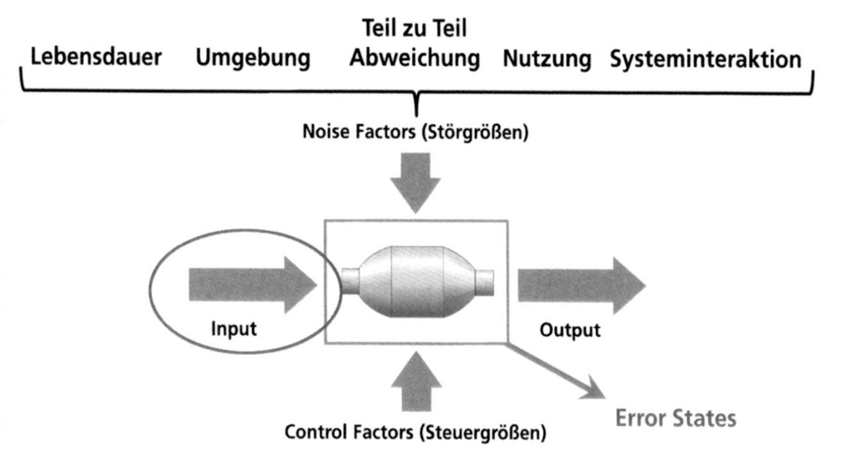

Definition von Verifizierungsmaßnahmen zum Nachweis, dass die untersuchte Einheit unter den *„Eingangsgrößen (Input)"* die gestellten Anforderungen robust erfüllt. Optimale Maßnahmen stellen Funktionstests bei Über-/Unterschreitung der Eingangsgrößen und Funktionstests im erlaubten Range der Eingangsgrößen dar. Die Stichprobengröße kann sehr klein (i. A. eins) gewählt werden. Als Beispiel sei die Unterschreitung der Eingangsspannung an einem Steuergerät mit Beurteilung der Auswirkung auf die Funktion bzw. Reaktion genannt.

In der Produktentwicklung wird die Entwicklung im Allgemeinen in mehreren Phasen anhand von Mustern oder Prototypen bewertet. Art und Umfang dieser Prototypen und Muster unterscheiden sich branchenspezifisch. In der Automobilindustrie wird oftmals nach folgenden Musterständen unterschieden, deren Bezeichnung unternehmensspezifisch variieren.

A-Muster Als A-Muster gelten in der Automobilindustrie *Funktionsmuster.* Sie sollen Aufschluss über die prinzipielle Realisierbarkeit einer Funktionalität geben. Aus diesem Grund besitzen sie auch meistens weder einen vollen Funktionsumfang noch endgültigen Abmaße, sind nicht für den Dauerbetrieb geeignet und werden auch noch nicht unter Serienbedingungen hergestellt. Ihre Herstellung erfolgt meistens durch Verfahren des Rapid Product Development, wie z. B. der Stereolithografie oder dem 3-D-Druck.

B-Muster B-Muster sind in der Automobilindustrie *Prototypen.* Sie dienen der Erprobung des definierten Funktionsumfangs sowie der technischen Anforderungen und sind auch bereits für die Dauererprobung geeignet. Ihre Form entspricht dabei schon dem geforderten Bauraum. Ihre Herstellung erfolgt meist mit seriennahen Werkstoffen auf entsprechenden Hilfswerkzeugen.

C-Muster Als C-Muster gelten in der Automobilindustrie *Vorserienteile.* Sie sollen die technischen Spezifikationen nachweisen. Ihre Herstellung erfolgt mit dem Zielwerkstoff auf serienmäßigen Werkzeugen und seriennahen Fertigungsverfahren.

D-Muster D-Muster sind in der Automobilindustrie *Erstmuster* aus der Vorserie. Sie sollen die Serientauglichkeit nachweisen und die Qualitätsanforderungen erfüllen. Hierzu erfolgt ihre Herstellung auf serienmäßigen Werkzeugen unter Serienbedingungen. Erstbemusterung (Überprüfung aller Maße) sowie Maschinen- und Prozessfähigkeitsuntersuchungen weisen die Serientauglichkeit nach.

Die verschiedenen Musterstände werden im FMEA-Formblatt über sogenannte *Maßnahmenstände* abgebildet. Damit kann die FMEA auch entwicklungsbegleitend als Tool zur *Projektsteuerung* eingesetzt werden, wenn die Umsetzung der Maßnahmen zu den einzelnen Maßnahmenständen nachgepflegt werden. Abb. 4.5 zeigt die chronologische Darstellung von Maßnahmenständen in einer Konstruktions-FMEA.

Fraunhofer IPA
Nummer:
Seite:
Typ/Modell/Fertigung/Charge:
Sachnummer:
Maßnahmenstand:
Verantwortlich:
Firma:
Erstellt:
FMEA/Systemelement:
Sachnummer:
Maßnahmenstand:
Verantwortlich:
Firma:
Erstellt:
Verändert:
Fehlerfolge | B | Fehlerart | Fehlerursache | Vermeidungsmaßnahme | A | Entdeckungsmaßnahme | E | RPZ | V/T
Systemelement Fehlerfolge
B
Systemelement Fehlerart
Systemelement Fehlerursache
Derzeitige vermeidende Maßnahmen
A
Derzeitige entdeckende Maßnahmen
E
RPZ
Verantwortlich Termin / Status
Zukünftige bzw. empfohlene vermeidende Maßnahmen
A
Zukünftige bzw. empfohlene entdeckende Maßnahmen
E
RPZ
Verantwortlich Termin / Status
Chronologie der Entwicklung
Zukünftige bzw. empfohlene vermeidende Maßnahmen
A
Zukünftige bzw. empfohlene entdeckende Maßnahmen
E
RPZ
Verantwortlich Termin / Status

Abb. 4.5 Darstellung von Maßnahmenständen über die Entwicklungsphasen hinweg. (Quelle: © Schloske 2018. All Rights Reserved)

Mit der Durchführung der *Verifizierungsmaßnahmen* wird die *Funktionssicherheit* (Auftretenswahrscheinlichkeit) des Produkts und seiner Komponenten bestätigt. Falls die Versuche für die Komponente negativ ausfallen, so müssen erneute Maßnahmen definiert werden. Je valider die Verifizierungsmaßnahme ist (E-Wert = Entdeckungswahrscheinlichkeit), desto sicherer lässt sich damit die Zuverlässigkeit des Produktes (A-Wert = Auftretenswahrscheinlichkeit) nachweisen. Der Nachweis wird auch gerne als *Nachbewertung* bezeichnet.

Zur Bewertung der einzelnen Faktoren Bedeutung, Auftreten und Entdeckung kommen unternehmens- und branchenspezifische Bewertungstabellen zum Einsatz. Tab. 4.1 zeigt eine Bewertungstabelle in Anlehnung an VDA.

Bei der Risikobewertung ist es wichtig, dass die drei Bewertungsfaktoren unabhängig voneinander betrachtet werden. Annahmen bei der Bewertung unterstützen eine korrekte Risikobewertung. Folgende Annahmen sollten im Rahmen der Risikobewertung für die einzelnen Faktoren getroffen werden (Abb. 4.6 erläutert das Vorgehen):

- B: Fehler tritt beim *Kunden* auf
- A: Fehler wird *nicht geprüft*
- E: Fehler ist *aufgetreten.*

Bei der Beurteilung des Risikos im jeweiligen Maßnahmenstand kommen sogenannte *Risikomatrizen* zur Anwendung. Dies sind in der Entwicklung die B * A-Matrix und die B * E-Matrix. Der letztendliche Maßnahmenstand sollte in der Entwicklung im grünen Bereich der A * E-Matrix liegen. In Abhängigkeit der Risiken können die grünen, gelben und roten Bereiche unternehmens- und branchenspezifisch angepasst werden. Die dargestellten Risikomatrizen stellen lediglich einen Vorschlag dar.

*Risikomatrix über B * A (Produktrisiko):* Die Risikomatrix über B * A beurteilt die Zuverlässigkeit des Produktes unter Berücksichtigung der potenziellen Auswirkung auf den Kunden (Gefahr von Produkthaftungsfällen im roten Bereich).

*Risikomatrix über B * E (Verifizierungsrisiko):* Beurteilung der Wahrscheinlichkeit zur Entdeckung der Hypothese (Folge-Fehler-Ursache) innerhalb der Entwicklung unter Berücksichtigung der potenziellen Auswirkung auf den Kunden (z. B. Gefahr eines nicht gefundenen Fehlers in der Entwicklung im roten Bereich). Diese beiden Risikomatrizen sind in Abb. 4.7 beispielhaft dargestellt.

Tab. 4.1 Bewertungstabellen in der Konstruktions-FMEA. (Quelle: © Hering/Schloske 2018. All Rights Reserved, in Anlehnung an AIAG und VDA 2017)

B	Bedeutung	A	Auftretenswahrscheinlichkeit	C	Entdeckungswahrscheinlichkeit
10	**Sicherheit** – Auswirkung auf die sichere Nutzung des Produktes. **Gesundheit** – Die Gesundheit des Nutzers oder anderer Personen könnte gefährdet sein	10	**Auftreten** während der Lebensdauer **kann** zu diesem Zeitpunkt **nicht bestimmt werden**. **Keine Vermeidungsmaßnahme** vorhanden. Zu erwartendes **Auftreten** über die Lebensdauer der Komponente ist **extrem hoch**	10	**Absolut unsicher** – **Kein Test** oder **keine Testverfahren** vorhanden
9	**Gesetze** – Nichteinhaltung von gesetzlichen und behördlichen Vorgaben	9	**Sehr hohes Auftreten** während der Lebensdauer der Komponente	9	**Sehr unsicher** – Testverfahren nicht ausgelegt, um spezifische Fehlerursache zu erkennen
8	**Verlust** einer **Hauptfunktion** über die vorgesehene Lebensdauer	8	**Hohes Auftreten** während der Lebensdauer der Komponente	8	Fähigkeit, um Fehlerursache zu entdecken ist **unsicher,** basierend auf den Verifizierungs- oder Validierungsverfahren, Testumfang, Einsatzbedingungen
7	**Herabsetzung** einer **Hauptfunktion** während der vorgesehenen Lebensdauer	7	**Moderat hohes Auftreten** während der Lebensdauer der Komponente	7	Fähigkeit, um Fehlerursache zu entdecken, ist **sehr gering,** basierend auf den Verifizierungs- oder Validierungsverfahren, Testumfang, Einsatzbedingungen
6	**Verlust** einer **Komfortfunktion** während der vorgesehenen Lebensdauer	6	**Moderates Auftreten** während der Lebensdauer der Komponente	6	Fähigkeit, um Fehlerursache zu entdecken, ist **gering,** basierend auf den Verifizierungs- oder Validierungsverfahren, Testumfang, Einsatzbedingungen

(Fortsetzung)

Tab. 4.1 (Fortsetzung)

B	Bedeutung	A	Auftretenswahrscheinlichkeit	C	Entdeckungswahrscheinlichkeit
5	**Herabsetzung** einer **Komfortfunktion** während der vorgesehenen Lebensdauer	5	**Moderat geringes Auftreten** während der Lebensdauer der Komponente	5	Fähigkeit, um Fehlerursache zu entdecken, ist **mäßig,** basierend auf den Verifizierungs- oder Validierungsverfahren, Testumfang, Einsatzbedingungen
4	**Wahrnehmbare Qualität** von Optik, Akustik oder Haptik durch die **meisten Kunden**	4	**Geringes Auftreten** während der Lebensdauer der Komponente	4	Fähigkeit, um Fehlerursache zu entdecken, ist **mäßig hoch,** basierend auf den Verifizierungs- oder Validierungsverfahren, Testumfang, Einsatzbedingungen
3	**Wahrnehmbare Qualität** von Optik, Akustik oder Haptik durch **viele Kunden**	3	**Geringes Auftreten** während der Lebensdauer der Komponente	3	Fähigkeit, um Fehlerursache zu entdecken, ist **hoch,** basierend auf den Verifizierungs- oder Validierungsverfahren, Testumfang, Einsatzbedingungen
2	**Wahrnehmbare Qualität** von Optik, Akustik oder Haptik durch **einige Kunden**	2	**Sehr geringes Auftreten** während der Lebensdauer der Komponente	2	Fähigkeit, um Fehlerursache zu entdecken, ist **sehr hoch,** basierend auf den Verifizierungs- oder Validierungsverfahren, Testumfang, Einsatzbedingungen
1	**Keine** wahrnehmbare **Auswirkung**	1	**Auftreten** des Fehlers während der Lebensdauer **ist ausgeschlossen**	1	Fähigkeit, um Fehlerursache zu entdecken, ist **sicher,** basierend auf den Verifizierungs- oder Validierungsverfahren, Testumfang, Einsatzbedingungen

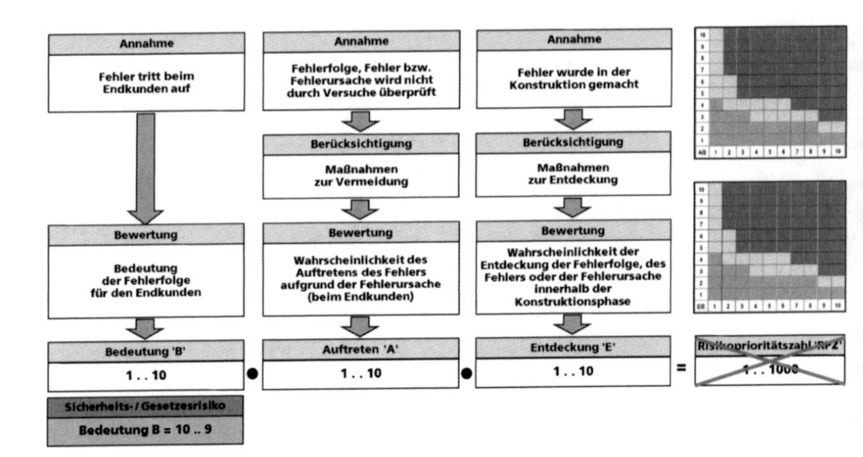

Abb. 4.6 Bewertung in der Konstruktions-FMEA. (Quelle: © Schloske 2018. All Rights Reserved)

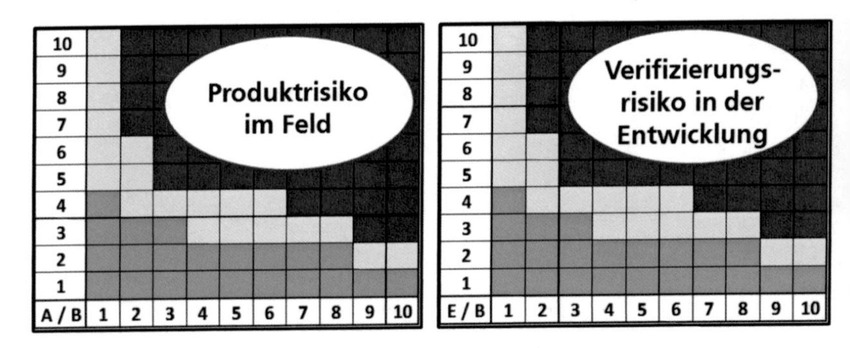

Abb. 4.7 Risikomatrizen B * A (Produktrisiko) und B * E (Verifizierungsrisiko) in der Konstruktions-FMEA. (Quelle: © Schloske 2018. All Rights Reserved)

*Risikomatrix über A * E:* Die Risikomatrix über A*E für den letzten Maßnahmenstand beurteilt, inwiefern die *Produktfunktion* in der *Entwicklung* verifiziert werden konnte (Abb. 4.8). Der rote Bereich zeigt in der Entwicklung nicht verifizierte Produktfunktionen. In der Entwicklung nicht verifizierbare Risiken sollten im Falle von möglichen Sicherheitsgefahren kritisch hinterfragt werden. Falls beispielsweise keine Grenzmuster angefertigt werden können, so muss die Funktionssicherheit durch sogenannte *Requalifizierungsversuche* in der laufenden Produktion in definierten Abständen erneut nachgewiesen werden.

Abb. 4.8 Risikomatrix A * E in der Produktentwicklung. (Quelle: © Schloske 2018. All Rights Reserved)

Beispiel Konstruktions-FMEA:
Als Beispiel für eine Konstruktions-FMEA soll eine fiktive Lenkung herangezogen werden, in der es eine Welle-Naben-Verbindung gibt, die sicherheitsrelevant ist. Im Folgenden werden nur die Systemstruktur mit der Hypothese und der Maßnahmenanalyse im FMEA-Formblatt (Abb. 4.9) sowie die Anwendung der Risikomatrizen (Abb. 4.10 und Abb. 4.11) dargestellt. Abb. 4.9 zeigt eine Konstruktions-FMEA, Abb. 4.10 und Abb. 4.11 zeigen die Anwendung der Risikomatrizen innerhalb der Konstruktions-FMEA.

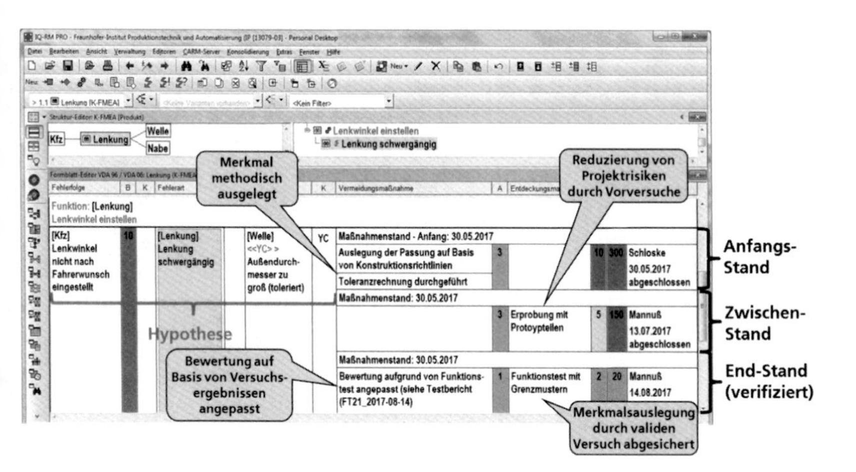

Abb. 4.9 Konstruktions-FMEA. (Quelle: © Schloske 2018. All Rights Reserved, in APIS IQ-RM-PRO)

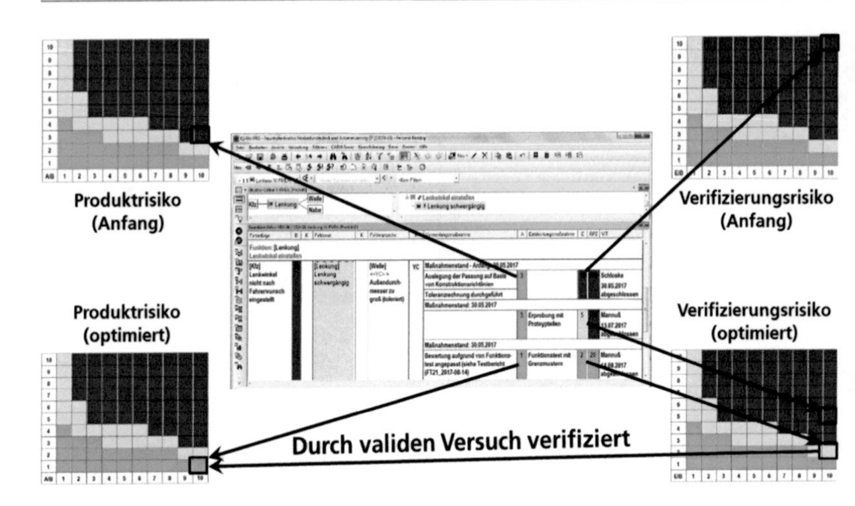

Abb. 4.10 Anwendung der Risikomatrizen B * A und B * E in der Konstruktions-FMEA. (Quelle: © Schloske 2018. All Rights Reserved)

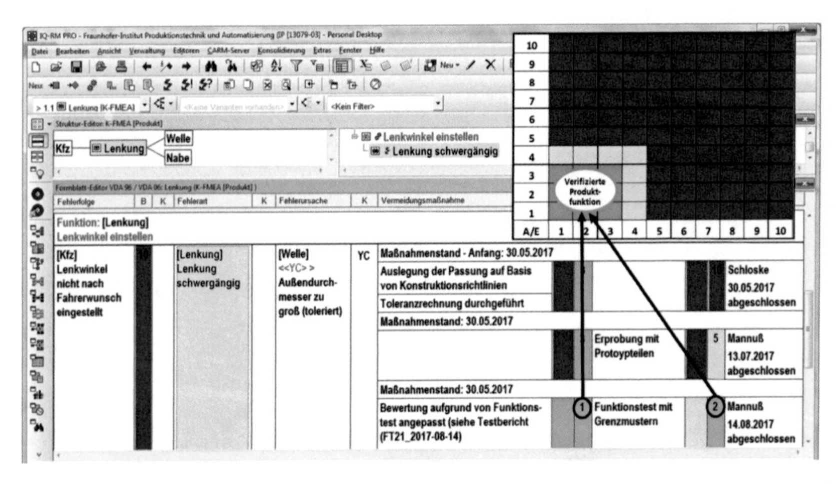

Abb. 4.11 Anwendung der A * E-Matrix in der Konstruktions-FMEA. (Quelle: © Schloske 2018. All Rights Reserved, in APIS IQ-RM-PRO)

5 Prozess-FMEA

Ziel der Prozess-FMEA ist die Überprüfung der *Zuverlässigkeit* der Produktion von Komponenten. Im Rahmen der Prozess-FMEA werden folgende Fragestellungen beantwortet:

- Welche *Fehler* können aufgrund welcher *Ursachen* in der Fertigung auftreten?
- Warum und wie wahrscheinlich kann die Komponente beim Hersteller fehlerhaft produziert werden *(Auftretenswahrscheinlichkeit A)?*
- Wie und wie sicher wird die fehlerhaft produzierte Komponente noch innerhalb der Produktion entdeckt *(Entdeckungswahrscheinlichkeit E)?*

Die *Vermeidungsmaßnahmen* in der Prozess-FMEA beschreiben die *Lenkungsmethoden,* die getroffen wurden, um eine *fehlerfreie Produktion* zu gewährleisten. Dies sind beispielsweise Arbeitsanweisungen, Parameterlisten und Eingabehilfen. Die *Entdeckungsmaßnahmen* in der Prozess-FMEA beschreiben die *Lenkungsmethoden,* die zum *Aufspüren fehlerhafter Produkte* getroffen wurden. Die Risikobewertung bewertet über den A-Wert, mit welcher Wahrscheinlichkeit fehlerhafte Komponenten produziert werden können und über den E-Wert, mit welcher Wahrscheinlichkeit diese noch vor Auslieferung an den Kunden bzw. vor Weitergabe an den nächsten Prozessschritt erkannt werden können. Damit wird letztendlich bewertet, inwieweit *fehlerhafte Komponenten* zum Kunden bzw. zu nachfolgenden Prozessen *durchrutschen* können. Falls erforderlich werden zusätzliche Vermeidungs- und/oder Entdeckungsmaßnahmen für die Produktion definiert.

Die Strukturierung von Prozessen erfolgt anhand der *wertschöpfenden Prozessschritte.* Die Fokussierung darauf verhindert, dass in den FMEAs Trivialitäten, wie beispielsweise Werkerfehler mit den „klassischen Maßnahmen“ Werkerschulung und Werkselbstprüfung behandelt werden. Im Wurzelelement steht dabei meist

E. Hering und A. Schloske, *Fehlermöglichkeits- und Einflussanalyse,* essentials,
https://doi.org/10.1007/978-3-658-25763-7_5

das zu fertigende Produkt. In der zweiten Ebene wird gerne noch ein Sammelelement wie „Herstellung des Produkts“ oder „Montage des Produkts“ eingeführt. Die folgende dritte Ebene beinhaltet die wertschöpfenden Prozessschritte. In der untersten Ebene stehen die 4 bis 6 Ms (Mensch, Maschine, Material, Messmittel, Mitwelt, Methode).

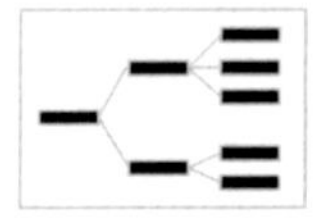

Auch hier gilt, je präziser die Ms beschrieben sind, desto leichter lässt sich die FMEA später lesen. Komplexe Prüfprozesse (i. A. eigener Arbeitsplatz) werden in die Struktur auf der Ebene der wertschöpfenden Prozessschritte mit aufgenommen. Werkerselbstprüfungen hingegen werden nicht in der Struktur abgebildet. Ein Beispiel für eine Prozessstruktur ist in Abb. 5.1 wiedergegeben.

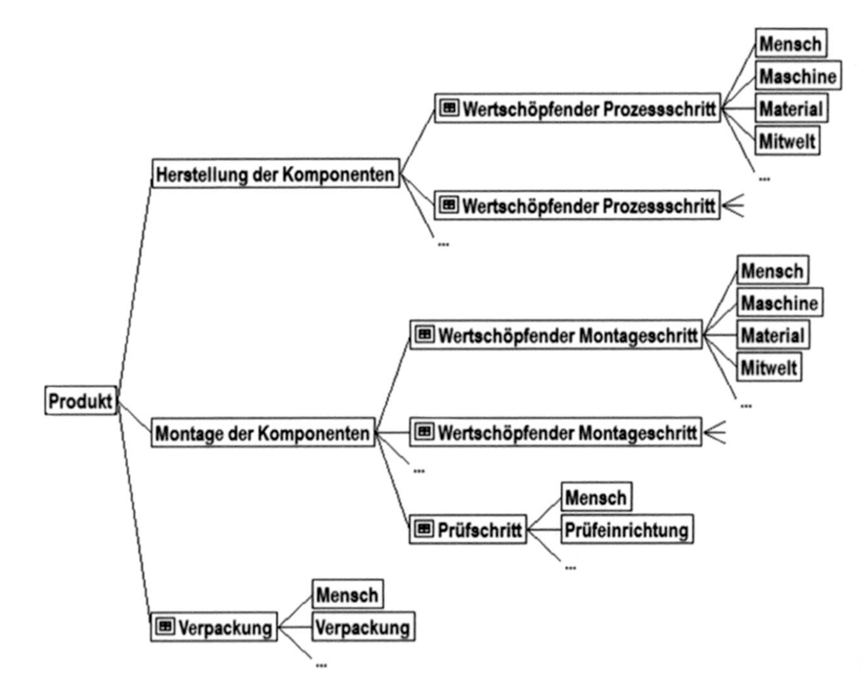

Abb. 5.1 Prozessstruktur in der Prozess-FMEA. (Quelle: © Schloske 2018. All Rights Reserved, in APIS IQ-RM-PRO)

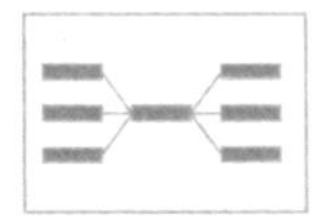

Den Elementen der Prozessstruktur werden dann im Rahmen der *Funktionsanalyse* Funktionen, Produktmerkmale und Prozessmerkmale zugeordnet. Auch hier lassen sich einfache Regeln anwenden, die in den meisten Fällen zum Erfolg führen. Funktionen existieren nur auf der Ebene des Produktes sowie auf der Zwischenebene „Herstellung“ und „Montage“. Auf der Ebene der wertschöpfenden Prozessschritte stehen die durch den Prozess erzeugten Produktmerkmale bzw. die durch den wertschöpfenden Montageschritt erzeugten Funktionsmerkmale. Auf der untersten Ebene, der Ebene der 4 bis 6 Ms (Mensch, Maschine, Material, Messmittel, Mitwelt, Methode) stehen die zur Herstellung der Produkt- bzw. Funktionsmerkmale erforderlichen Prozessmerkmale. Dies sind beim Mensch beispielsweise Tätigkeiten, die er zur Durchführung des Prozesses ausführen muss. Dabei werden aber nur die minimal erforderlichen Aktivitäten zur Durchführung des Prozesses aufgelistet. Tätigkeiten, wie „Arbeitspapiere lesen“ oder „Prüfungen durchführen“ sind Bestandteile der Lenkungsmethoden auf der Ebene der Vermeidungs- und Entdeckungsmaßnahmen. Die funktionalen Zusammenhänge zwischen den Prozesselementen werden wiederum im *Funktions-/Merkmalsnetz* abgebildet.

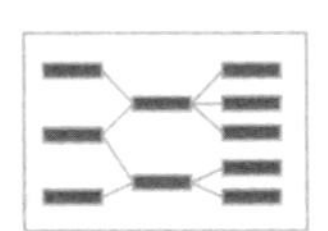

Im Rahmen der *Risikoanalyse* werden anhand der Funktionen und Merkmale mögliche Fehlfunktionen und Fehler abgeleitet. Auch hier ist es bei der Analyse der Fehlfunktionen und Fehler wichtig, dass die *Fehlfunktionen* und *Fehler präzise* bezeichnet werden. Fehlfunktionen, wie beispielsweise „Komponente falsch hergestellt“ gehören nicht in die Prozess-FMEA. Bei den Fehlerfolgen sollte immer eine Fokussierung auf den Kunden bzw. auf das Endprodukt vorgenommen werden. Die alleinige Fehlerfolge „Ausschuss“ oder „Nacharbeit“ verfälscht gegebenenfalls das Risiko. Die Zusammenhänge der Fehlfunktionen und Fehler werden im *Fehlernetz* visualisiert.

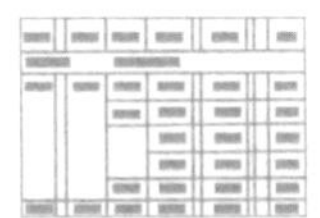

Den so ermittelten Risiken (Hypothesen) werden nun die bisher geplanten *Vermeidungs- und Entdeckungsmaßnahmen* gegenübergestellt bzw., falls noch nicht vorhanden, definiert. Dabei sollte im Anfangsmaßnahmenstand nur der *Istzustand* beschrieben werden. Zusätzliche Maßnahmen werden nur definiert, falls der beschriebene Istzustand nicht zufriedenstellend ist. Die Vermeidungsmaßnahmen beziehen sich dabei im Allgemeinen auf die Fehlerursache und beinhalten Maßnahmen, die darauf ausgerichtet sind, dass die *Fehlerursache* in der Produktion *nicht auftritt* (z. B. Arbeitsanweisungen, Poka-Yoke-Lösungen, Eingabehilfen) bzw. Begründungen, warum die potenzielle Fehlerursache in der Produktion nicht auftreten kann. Als Entdeckungsmaßnahmen werden in der Prozess-FMEA *Prüfmaßnahmen* eingetragen, die zum Auffinden fehlerhafter Produkte geplant sind (z. B. 100 %-Funktionsprüfung, SPC-Prüfung (SPC: Statistical Process Control), Sichtprüfung). Die Prüfmaßnahmen in der Prozess-FMEA beziehen sich dabei im Allgemeinen auf den Fehler. Bei der Zuordnung der Maßnahmen als Vermeidungs- oder Entdeckungsmaßnahme kann das Denkmodell aus Abb. 5.2 verwendet werden.

Zur Bewertung der einzelnen Faktoren Bedeutung, Auftreten und Entdeckung kommen wiederum unternehmens- und branchenspezifische Bewertungstabellen zum Einsatz. Tab. 5.1 zeigt eine Bewertungstabelle in Anlehnung an VDA.

Bei der Risikobewertung ist es wiederum wichtig, dass die drei Bewertungsfaktoren *unabhängig* voneinander betrachtet werden. Annahmen bei der Bewertung

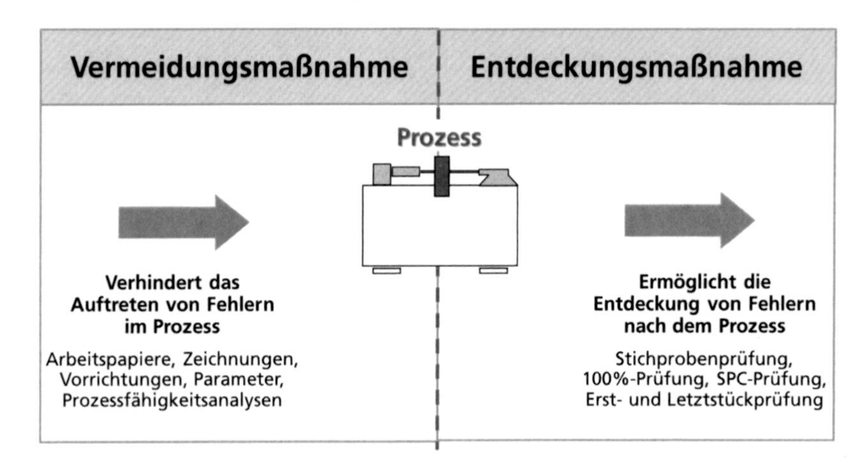

Abb. 5.2 Zuordnung der Maßnahmen als Vermeidungs- oder Entdeckungsmaßnahme. (Quelle: © Schloske 2018. All Rights Reserved)

Tab. 5.1 Bewertungstabellen in der Prozess-FMEA in Anlehnung an AIAG und VDA (2017), VDA 4.2 (1996). (Quelle: © Schloske 2018. All Rights Reserved)

B	Bedeutung	A	Auftretenswahrscheinlichkeit	ppm	E	Entdeckungswahrscheinlichkeit	Sicherheit der Prüfverfahren (%)
10	**Sicherheit** – Auswirkung auf diesichere Nutzung des Produktes **Gesundheit** – Die Gesundheit des Nutzers oder anderer Personen könntegefährdet sein	10	**Sehr hoch** – Sehrhäufges Auftreten der Fehlerursache, unbrauchbarer, ungeeigneter Prozess	100.000	10	**Sehr gering** – Entdecken des aufgetretenen Fehlers ist unwahrscheinlich. Der Fehler wird oderkann nicht geprüft werden	90,00
9	**Gesetze** – Nichteinhaltung von gesetzlichen und behördlichen Vorgaben	9		50.000	9		
8	**Verlust** einer **Hauptfunktion** über die vorgesehene Lebensdauer	8	**Hoch** – Fehlerursache tritt wiederholt auf, ungenauer Prozess	20.000	8	**Gering** – Entdecken des aufgetretenen Fehlers ist weniger wahrscheinlich, wahrscheinlich nicht zu entdeckender Fehler, unsichere Prüfungen	98,00
7	**Herabsetzung** einer **Hauptfunktion** während der vorgesehenen Lebensdauer	7		10.000	7		

(Fortsetzung)

Tab. 5.1 (Fortsetzung)

B	Bedeutung	A	Auftretenswahrscheinlichkeit	ppm	E	Entdeckungswahrscheinlichkeit	Sicherheit der Prüfverfahren (%)
6	**Verlust** einer **Komfortfunktion** während der vorgesehenen Lebensdauer	6	**MäBig** – Gelegentlich auftretende Fehlerursache, weniger genauer Prozess	5000	6	**Mäßig** – Entdecken des aufgetretenen Fehlers ist wahrscheinlich, Prüfungen sind relativ sicher	99,70
5	**Herabsetzung** einer **Komfortfunktion** während der vorgesehenen Lebensdauer	5		2000	5		
4	**Wahmehmbare Qualität** von Optik, Akustik oder Haptik durch die **meisten Kunden**	4		1000	4		
3	**Wahrnehmbare Qualitat** von Optik, Akustik oder Haptik durch **viele Kunden**	3	**Gering** – Auftreten der Fehlerursache ist gering, genauer Prozess	100	3	**Hoch** – Entdecken des aufgetretenen Fehlers ist sehr wahrscheinlich, Prüfungen sind sicher, z. B. mehrere voneinander unabhängige Prüfungen	99,90
2	**Wahrnehmbare Qualität** von Optik, Akustik oder Haptik durch **einige Kunden**	2	**Gering** – Auftreten der Fehlerursache ist gering, genauer Prozess	50	2		
1	**Keine** wahrnehmbare **Auswirkung**	1	**Sehr gering** – Auftreten der Fehlerursache ist unwahrscheinlich	1	1	**Sehr hoch** – Aufgetretener Fehler wird sicher entdeckt	99,99

unterstützen eine korrekte Risikobewertung. Folgende Annahmen sollten im Rahmen der Risikobewertung für die einzelnen Faktoren getroffen werden (Abb. 5.3 erläutert das Vorgehen):

- B: Fehler tritt beim *Kunden* auf
- A: Fehler wird *nicht geprüft*
- E: Fehler ist *aufgetreten.*

Je sicherer der Prozess ist (A-Wert: Auftretenswahrscheinlichkeit) und je besser die Prüfmaßnahmen sind (E-Wert: Entdeckungswahrscheinlichkeit), desto geringer wird der *Durchschlupf* fehlerhafter Komponenten zum Kunden bzw. dem nächsten Arbeitsschritt. Abb. 5.4 zeigt ein Schema zur Ermittlung des *Durchschlupfes.*

Um den Durchschlupf gering zu halten, sind bei der Auswahl der Prüfstrategien folgende Punkte zu berücksichtigen bzw. Fragen zu beantworten:

- Handelt es sich um einen *fähigen* und *beherrschten* Prozess?
- Handelt es sich um einen *werkzeuggebundenen Prozess?*
- Welche *Fehlertypen* (zufälliger oder systematischer Fehler) können auftreten?
- Wie sieht die *Kunden-Lieferanten-Beziehung* aus?

Nachfolgend werden die verschiedenen Prüfstrategien besprochen.

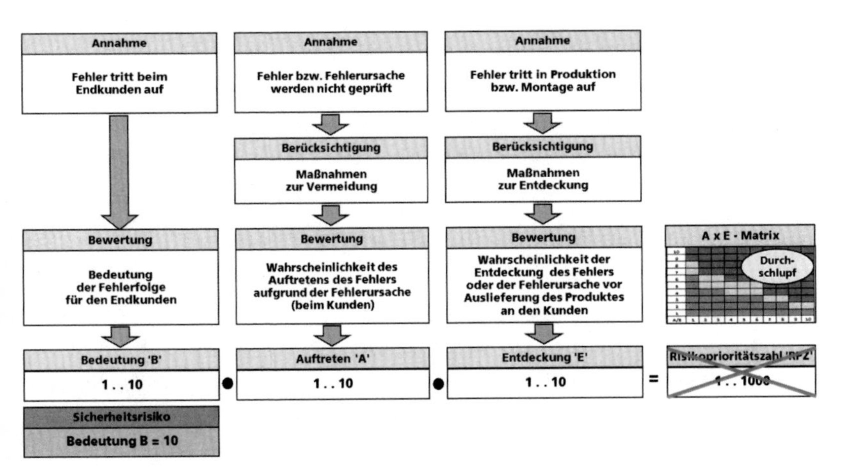

Abb. 5.3 Bewertung in der Prozess-FMEA. (Quelle: © Schloske 2018. All Rights Reserved)

Über Auftretens- und Entdeckungswahrscheinlichkeit lässt sich der potenzielle Durchschlupf D des Fehlers in ppm abschätzen

- Auftretenswahrscheinlichkeit aus VDA 4 (2006), Tabelle A 4.9
- Entdeckungswahrscheinlichkeit aus VDA 4.2 (1996), Tabelle S. 29
- < 1 ppm 1-10 ppm ≥ 10 ppm
- Beispiel:
  - A = 4 -> max. 500 ppm
  - E = 2 -> max. 99,9%
  - D = 500 ppm * 0,1% = 0,5 ppm

VDA 4 (2006)

VDA 4.2 (1996)

Hoher Durchschlupf

Null-Fehler-Produktion

Abb. 5.4 Denkmodell zur Ermittlung des Durchschlupfs. (Quelle: © Schloske 2018. All Rights Reserved, in Anlehnung an VDA 1996/2006)

Statistische Prozessregelung (SPC):

Bei fähigen, beherrschten und qualitätsfähigen Prozessen lässt sich die Statistische Prozessregelung (SPC: Statistical Process Control) einsetzen. Hierzu wird im Rahmen einer *Prozessfähigkeitsuntersuchung* ermittelt, ob die Eingangsvoraussetzungen für eine SPC erfüllt sind. Falls ja, werden zukünftig nur noch Stichproben im Rahmen der Fertigung gezogen und durch Eintrag in eine Qualitätsregelkarte verglichen, ob diese noch zu den Ergebnissen der Prozessfähigkeitsuntersuchung passen. Diese Strategie eignet sich für die Absicherung *„Besonderer Merkmale"* in der Fertigung. Abb. 5.5 verdeutlicht das Vorgehen. Der Wert für die Auftretenswahrscheinlichkeit kann entsprechend der Prozessfähigkeit gewählt werden. Ein c_{pk}-Wert von 1,33 kann beispielsweise mit einem A = 4 bewertet werden. Ein c_{pk}-Wert von 1,67 entspricht einem A-Wert von 2. Die Entdeckungswahrscheinlichkeit durch die Stichprobenprüfung kann demnach als hoch angenommen werden.

Statistische Prozessüberwachung (SPÜ):

Bei werkzeuggebundenen Prozessen eignet sich hingegen die Statistische Prozessüberwachung nicht, da eine Regelung hier im Allgemeinen nicht angewendet werden kann (ein Stanzwerkzeug lässt sich beispielsweise nicht nachregeln). Bei *werkzeuggebundenen Prozessen* reicht dementsprechend eine *Kurzzeitfähigkeitsuntersuchung*. Bei ausreichender Fähigkeit wird der Prozess

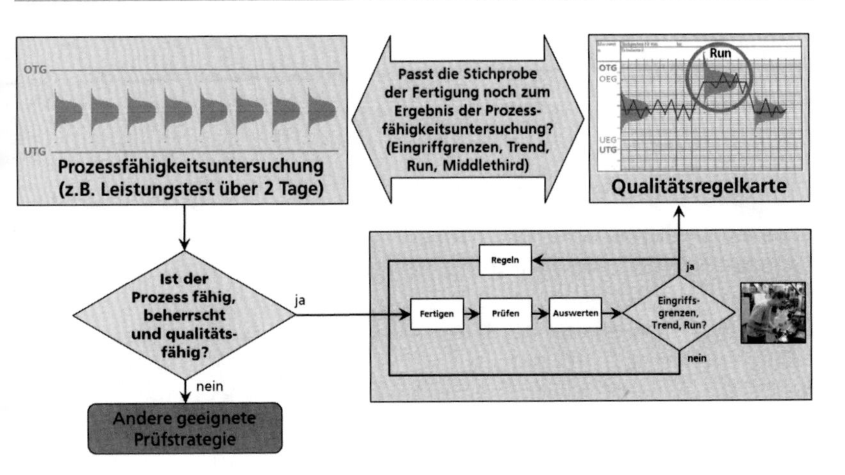

Abb. 5.5 Statistische Prozessregelung. (Quelle: © Schloske 2018. All Rights Reserved)

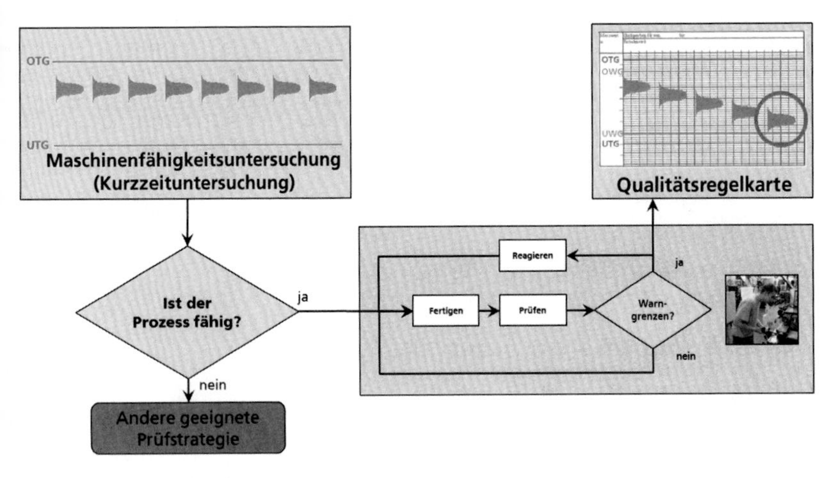

Abb. 5.6 Statistische Prozessüberwachung. (Quelle: © Schloske 2018. All Rights Reserved)

dann anhand von Stichprobenprüfungen gegenüber Warngrenzen überwacht. Die Erfassung der Ergebnisse der Stichprobenprüfung erfolgt analog in einer Qualitätsregelkarte. Abb. 5.6 stellt die Vorgehensweise dar. Auch hier lassen sich die A-Werte und E-Werte bei fähigen Prozessen als gering einstufen.

Bei allen weiteren Prüfungen in der Produktion gilt es bei der Bewertung der Entdeckungswahrscheinlichkeit zu hinterfragen, ob es sich um systematische oder zufällige Fehler handelt.

Systematische Fehler: Systematische Fehler treten an allen Produkten ab einem bestimmten unerwünschten Ereignis gleichermaßen auf. Sie haben meist technische Ursachen (z. B. Bruch, Verschleiß) oder sind durch fehlerhaftes Rüsten (z. B. falsches Werkzeug) bedingt. Als Beispiel sei eine fehlende Bohrung aufgrund von Bohrerbruch genannt.

Zufällige Fehler: Zufällige Fehler treten nur an einigen Produkten ohne Systematik auf. Sie haben meist menschliche Ursachen (Arbeitsgang falsch ausgeführt) und treten meist bei manuellen Arbeitsgängen auf. Als Beispiel sei ein nicht gefügter O-Ring genannt.

Die folgenden Abbildungen (Abb. 5.7, 5.8, 5.9, 5.10, 5.11, 5.12 und 5.13) zeigen verschiedene Prüfstrategien und ihre Fähigkeit, fehlerhafte Einheiten zu finden. Die darin dargestellten grünen Einheiten sind als i. O.-Produkte zu verstehen; die dargestellten roten Einheiten sollen n. i. O.-Produkte repräsentieren.

Aus den gezeigten Abb. 5.7, 5.8, 5.9, 5.10, 5.11, 5.12 und 5.13 ist ersichtlich, das bei Prozessen, die nicht über Statistische Prozessregelung (SPC) oder Statistische Prozessüberwachung (SPÜ) abgesichert werden können, die Prüfstrategie in Abhängigkeit von dem zu erwartenden Fehlerbild (systematisch oder zufällig) abgeleitet werden muss. Generell lässt sich sagen, dass *systematische Fehler* durch eine *Erst- und Letztstückprüfung* mit der Möglichkeit der 100 %-Rücksortierung abgesichert werden können. Zusätzliche Stichprobenprüfungen helfen, die rückzusortierende Menge im Fehlerfalle zu verringern. Bei *zufälligen*

- Prüfart:
  - Erst- und Letztstückprüfung
  - Keine Rücksortierung
  - Für Prüfaufgabe geeignetes Prüfmittel
- Keine Entdeckung (E = 10)

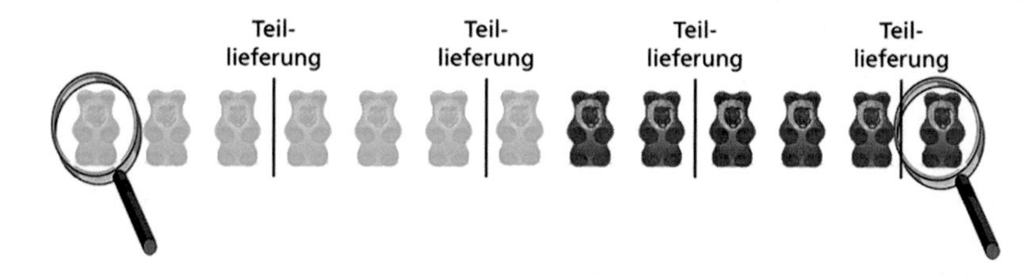

Abb. 5.7 Prüfstrategie Erst- und Letztstückprüfung bei systematischen Fehlern mit zwischenzeitlicher Auslieferung von Produkten. (Quelle: © Schloske 2018. All Rights Reserved)

- Prüfart:
  - Erst- und Letztstückprüfung
  - Rücksortierung und Aussonderung bis zum letzten Gutteil
  - Für Prüfaufgabe geeignetes Prüfmittel
- Sehr gute Entdeckung (E = 1 – bei sicherer Rücksortierung)

Abb. 5.8 Prüfstrategie Erst- und Letztstückprüfung bei systematischen Fehlern mit Möglichkeit zur Rücksortierung von Produkten. (Quelle: © Schloske 2018. All Rights Reserved)

- Prüfart:
  - Erst- und Letztstückprüfung
  - Erststückprüfung nach Werkzeugwechsel
  - Für Prüfaufgabe geeignetes Prüfmittel
- Keine Entdeckung (E = 10)

Abb. 5.9 Prüfstrategie Erst- und Letztstückprüfung bei systematischen Fehlern mit Werkzeugwechsel bei Erreichung von Standzeiten. (Quelle: © Schloske 2018. All Rights Reserved)

- Prüfart:
  - Erst- und Letztstückprüfung
  - Letztstückprüfung vor Werkzeugwechsel mit Rücksortierung
  - Erststückprüfung nach Werkzeugwechsel
  - Für Prüfaufgabe geeignetes Prüfmittel
- Sehr gute Entdeckung (E = 1)

Abb. 5.10 Prüfstrategie Erst- und Letztstückprüfung bei systematischen Fehlern mit Möglichkeit zur Rücksortierung vor Werkzeugwechsel. (Quelle: © Schloske 2018. All Rights Reserved)

- Prüfart:
  - Erst- und Letztstückprüfung
  - Keine Rücksortierung
  - Für Prüfaufgabe geeignetes Prüfmittel
- Keine Entdeckung (E = 10)

Abb. 5.11 Prüfstrategie Erst- und Letztstückprüfung bei zufälligen Fehlern. (Quelle: © Schloske 2018. All Rights Reserved)

- Prüfart:
  - Stichprobenprüfung
  - Keine Rücksortierung
  - Für Prüfaufgabe geeignetes Prüfmittel
- Sehr schlechte Entdeckung (E = 8 .. 10 - abhängig von Prüfintervall)

Abb. 5.12 Prüfstrategie Erststückprüfung, Stichprobenprüfung und Letztstückprüfung bei zufälligen Fehlern. (Quelle: © Schloske 2018. All Rights Reserved)

- Prüfart:
  - 100%-Prüfung
  - Aussonderung
  - Für Prüfaufgabe geeignetes Prüfmittel
- Sehr gute Entdeckung (E = 1)

Abb. 5.13 Prüfstrategie 100 %-Prüfung bei zufälligen Fehlern. (Quelle: © Schloske 2018. All Rights Reserved)

Fehlern ist eine Absicherung der Prozesse nur durch eine *100 %-Prüfung* zu erreichen. Dementsprechend sollten die beiden vorgenannten Prüfverfahren bei der Absicherung besonderer Merkmale in der Fertigung angewandt werden.

Für Sichtprüfungen werden gerne die Vorgaben von E = 7 gemacht. Auch hier lässt sich eine objektivere Bewertung erreichen, indem man nach *systematischen* und *zufälligen Fehlern* sowie *leicht* oder *schwer erkennbaren Fehlern* unterscheidet und diese dann wieder einer Stichproben- oder 100 %-Prüfung gegenüberstellt. Abb. 5.14 zeigt eine mögliche objektivere Bewertung von Sichtprüfungen.

Bewertung Faktor E	Systematischer Fehler	Zufälliger Fehler
Stichprobenmäßige Sichtprüfung eines leicht erkennbaren Fehlermerkmales	E = 2 .. 3	E = 9 .. 10
Stichprobenmäßige Sichtprüfung eines schwer erkennbaren Fehlermerkmales	E = 4 .. 7	E = 10
100% Sichtprüfung eines leicht erkennbaren Fehlermerkmales	E = 1 .. 3	E = 3 .. 6
100% Sichtprüfung eines schwer erkennbaren Fehlermerkmales	E = 4 .. 6	E = 7 .. 10

Abb. 5.14 Bewertung von Sichtprüfungen. (Quelle: © Schloske 2018. All Rights Reserved)

Beispiel Prozess-FMEA:
Als Beispiel für eine Prozess-FMEA soll die Herstellung der Welle aus dem Beispiel für die Konstruktions-FMEA herangezogen werden (Abb. 5.15).

Auf Basis der Inhalte der Prozess-FMEA lässt sich dann der *Produktions-Lenkungs-Plan (PLP),* auch *Control-Plan (CP)* genannt, ableiten. Abb. 5.16 verdeutlicht den Zusammenhang zwischen Prozess-FMEA und Produktions-Lenkungs-Plan (PLP). Die Lenkungs- und Reaktionsmethoden aus der Prozess-FMEA (Abb. 5.15) werden in den Produktionslenkungsplan übernommen (Abb. 5.16).

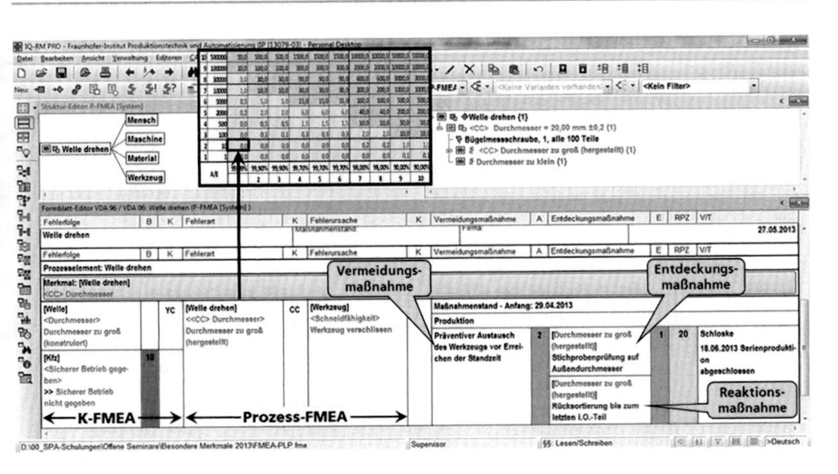

Abb. 5.15 Beispiel einer Prozess-FMEA. (Quelle: © Schloske 2018. All Rights Reserved, in APIS IQ-RM-PRO)

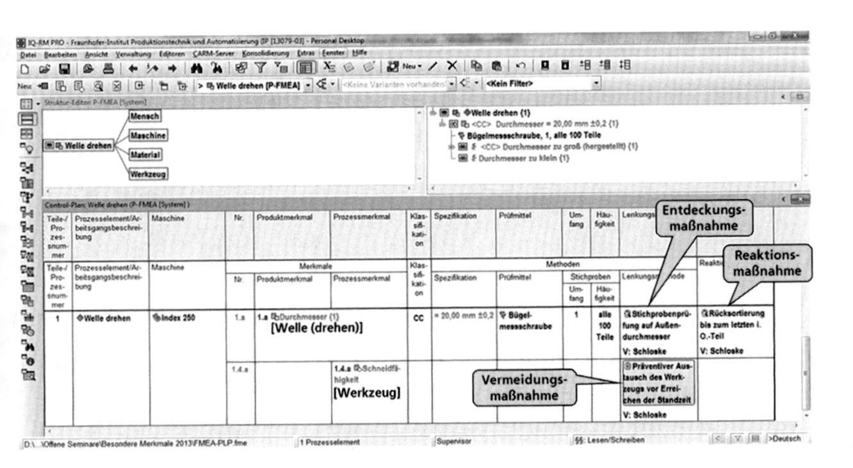

Abb. 5.16 Zusammenhang zwischen Prozess-FMEA und Produktions-Lenkungs-Plan (PLP). (Quelle: © Schloske 2018. All Rights Reserved, in APIS IQ-RM-PRO)

6 Zusammenhang zwischen System-FMEA, Konstruktions-FMEA und Prozess-FMEA

In letzter Zeit wird verstärkt die Forderung laut, den Zusammenhang zwischen System-FMEA, Konstruktions-FMEA und Prozess-FMEA sicherzustellen. Abb. 6.1, 6.2, 6.3 und 6.4 zeigen die *Zusammenhänge* zwischen den einzelnen *FMEA-Arten* im *Funktions-Merkmalsnetz* und im *Fehlernetz*. Die Abbildungen zeigen zudem die unterschiedlichen Betrachtungsweisen der Konstruktions-FMEA, bei der die Frage beantwortet wird: „Wird das Produkt richtig ausgelegt?" und der Prozess-FMEA, die sich mit der Frage: „Wird das Produkt richtig hergestellt?". Als fiktives Beispiel soll die Herstellung eines Magnetventils herangezogen werden.

Durch die Verbindung der Konstruktions-FMEA und der Prozess-FMEA lässt sich sicherstellen, dass zu allen Besonderen Merkmalen in der Entwicklung die entsprechenden Prüfstrategien in der Produktion zugeordnet sind. Abb. 6.5 zeigt beispielhaft die Verbindung zwischen Design-FMEA und Prozess-FMEA mit den unterschiedlichen Prüfstrategien in der Produktion.

E. Hering und A. Schloske, *Fehlermöglichkeits- und Einflussanalyse,* essentials,
https://doi.org/10.1007/978-3-658-25763-7_6

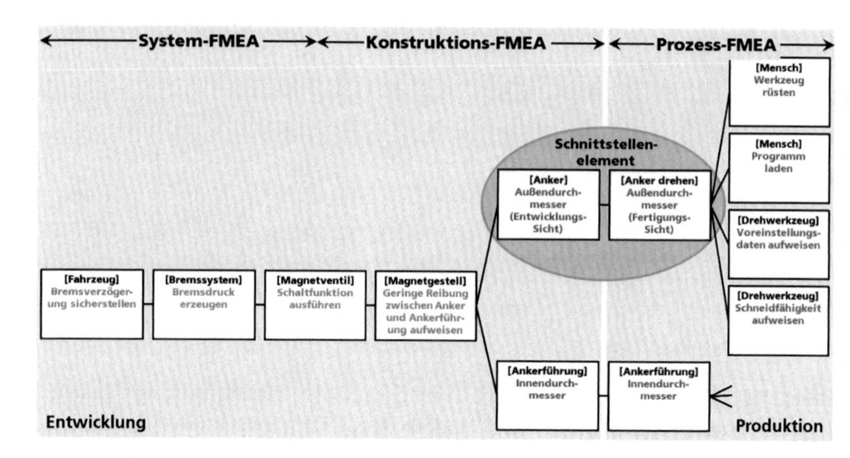

Abb. 6.1 Kopplung der System-FMEA mit der Konstruktions- und der Prozess-FMEA über das Funktions-/Merkmalsnetz. (Quelle: © Schloske 2018. All Rights Reserved)

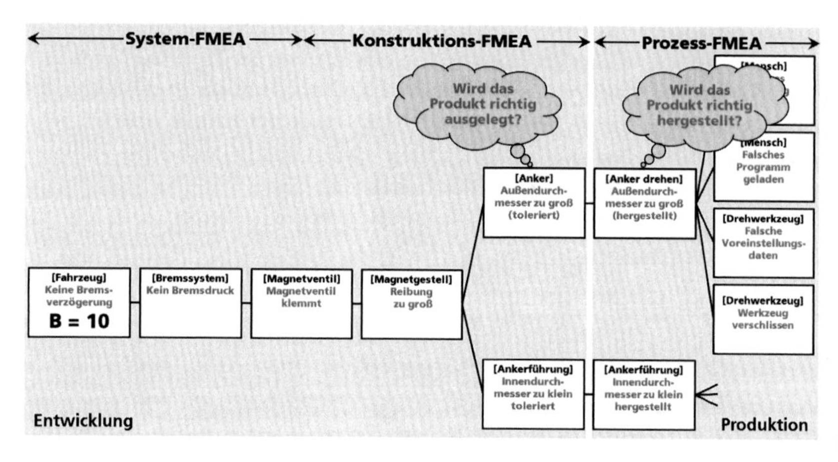

Abb. 6.2 Kopplung der System-FMEA mit der Konstruktions- und der Prozess-FMEA. (Quelle: © Schloske 2018. All Rights Reserved)

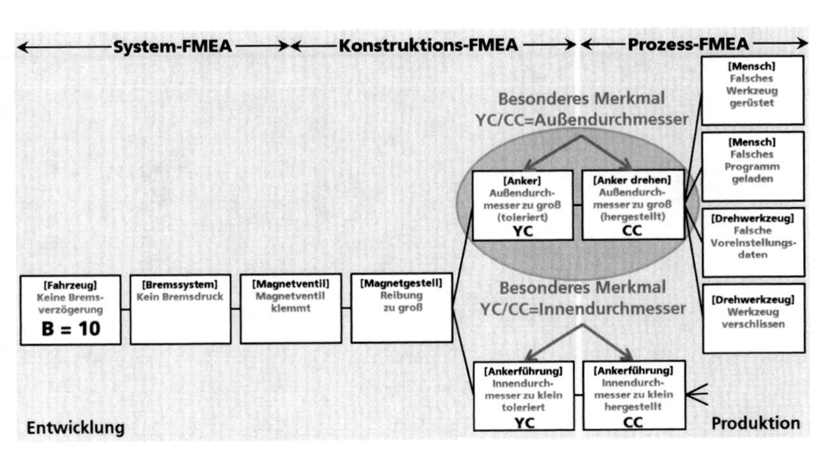

Abb. 6.3 Kopplung der System-FMEA mit der Konstruktions- und der Prozess-FMEA. (Quelle: © Schloske 2018. All Rights Reserved)

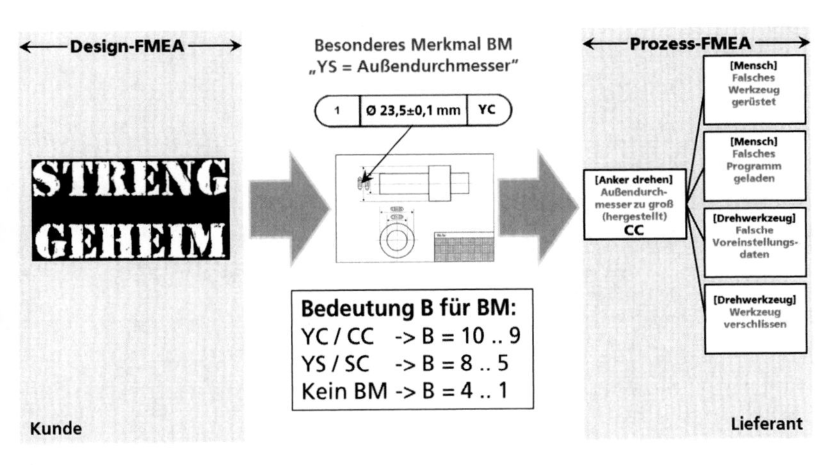

Abb. 6.4 Kopplung der System-FMEA mit der Konstruktions- und der Prozess-FMEA. (Quelle: © Schloske 2018. All Rights Reserved)

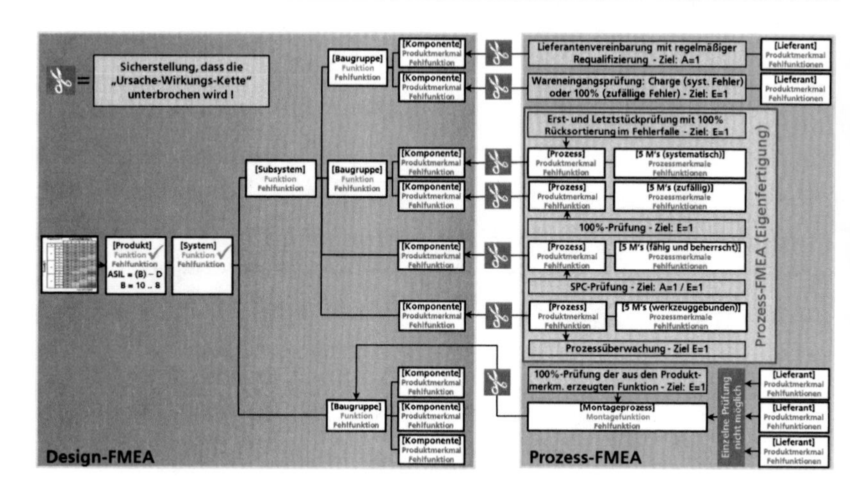

Abb. 6.5 Verbindung zwischen Design-FMEA und Prozess-FMEA mit den unterschiedlichen Prüfstrategien in der Produktion. (Quelle: © Schloske 2018. All Rights Reserved)

7 Grenzen der FMEA

Die FMEA stellt ein wirkungsvolles Instrument des präventiven Qualität- und Risikomanagements dar. Sie hat aber auch ihre Grenzen. Die FMEA baut auf dem Erfahrungswissen der Beteiligten auf und beschreibt die Zusammenhänge zwischen Fehlerfolge-Fehler-Fehlerursache. Sie kommt damit an ihre Grenzen, wenn die Teammitglieder keine klaren Zusammenhänge beschreiben können. In diesen Fällen sollte auf die Methode *Design of Experiments* (DoE), oder auch *Statistische Versuchsplanung* genannt, umgestiegen werden. Des Weiteren wird die FMEA keine neuen Erkenntnisse bringen, wenn Produkte und Prozesse einen hohen Reifegrad erreicht haben. In diesen Fällen sollten die Erfahrungen in einer Standard-FMEA zusammengeschrieben werden, auf die dann innerhalb der Projekte verwiesen wird.

E. Hering und A. Schloske, *Fehlermöglichkeits- und Einflussanalyse,* essentials,
https://doi.org/10.1007/978-3-658-25763-7_7

Softwareunterstützung für eine FMEA 8

Zur Erstellung der FMEA existieren unterschiedliche EDV-Lösungen, die im Folgenden näher erläutert werden. Prinzipiell lassen sich die EDV-Lösungen zur FMEA einteilen in:

- *Stand-alone Systeme,* wie beispielsweise IQ-FMEA der APIS Informationstechnologien GmbH oder die SCIO-FMEA der PLATO AG.
- *CAQ-integrierte FMEA-Module,* wie beispielsweise CAQ R6 der Babtec GmbH oder CAQ = QSYS der Siemens AG (vormals IBS AG).
- *ERP-integrierte FMEA-Lösungen,* wie beispielsweise SAP Deutschland AG & Co. KG.

Stand-alone Systeme:
Die Vorteile von Stand-alone Systemen liegen in einem sehr hohen FMEA-bezogener Funktionsumfeld (z. B. Funktionale Sicherheit oder DRBFM (DRBFM: Design Review Based on Failure Mode). Stand-alone Systeme konzentrieren sich auf den FMEA-Prozess und besitzen langjährige FMEA-Erfahrung mit teilweise über 25 Jahren. Ihre Nachteile liegen jedoch in der geringen Integrationsmöglichkeit in ERP-/CAQ-Systeme. Die Anwendung von Stand-alone Systemen macht Sinn, wenn der Fokus der Arbeit auf der *FMEA-Methodik* liegen soll und/oder *komplexe Entwicklungsprojekte* bearbeitet werden müssen (z. B. komplexe mechatronische Systeme).

CAQ-integrierte FMEA-Module:
CAQ-integrierte FMEA-Module bieten eine hohe Integrationsmöglichkeit in das umgebende CAQ-System (z. B. Datenbank, Prüfplanung, Kataloge). Damit lassen sich *geschlossene Regelkreise* in der Fertigung und Reklamationsbearbeitung

E. Hering und A. Schloske, *Fehlermöglichkeits- und Einflussanalyse,* essentials,
https://doi.org/10.1007/978-3-658-25763-7_8

aufbauen. Ihre Nachteile liegen im Allgemeinen in einem *reduzierten* FMEA-bezogenen Funktionsumfang. Teilweise müssen bei den Systemen zuerst die Kataloge und Stammdaten im Vorfeld vorhanden sein, bevor diese wiederum während der FMEA-Arbeit genutzt werden können. Eine sinnvolle Anwendung von CAQ-integrierten FMEA-Modulen besteht, wenn verstärkt *Prozess-FMEAs* durchgeführt werden. Auch für einfache Entwicklungsprojekte eignen sich diese Lösungen. Ab einer gewissen Komplexität der Entwicklungsprojekte wird jedoch die Arbeit mit den CAQ-integrierten FMEA-Modulen schwerfällig.

ERP-integrierte FMEA-Lösungen:
Für die ERP-integrierten FMEA-Module gilt im Allgemeinen dasselbe, wie für die CAQ-integrierten FMEA-Module, allerdings mit dem Unterschied, dass das umgebende System ein ERP-System ist.

Prinzipiell lässt sich mit allen den oben genannten Systemen eine FMEA erstellen und auf der Formblattebene ausdrucken. Eine FMEA-Software sollte die Möglichkeit bieten, ein Team zielgerichtet mit der FMEA-Software zu moderieren. Hier zeigt sich letztendlich, welche der Softwarelösungen sich auch in der moderierten Teamarbeit am besten anwenden lässt.

Was Sie aus diesem *essential* mitnehmen können

- Vorgehensweise zur FMEA nach VDA
- Vorgehensweise zur Erstellung von System-FMEAs
- Vorgehensweise zur Erstellung von Konstruktions-FMEAs
- Vorgehensweise zur Erstellung von Prozess-FMEAs
- Durchgängigkeit zwischen den FMEA-Arten
- Aufstellen von Fehlernetzen
- Maßnahmen zur Fehlervermeidung
- Vorgehensweisen zur Risikoeinschätzung
- Umgang mit Risikomatrizen
- Entwickeln von Prüfstrategien
- Voraussetzungen und Grenzen einer FMEA
- Softwarelösungen zur Erstellung von FMEAs

E. Hering und A. Schloske, *Fehlermöglichkeits- und Einflussanalyse,* essentials,
https://doi.org/10.1007/978-3-658-25763-7

Literatur

AIAG/VDA FMEA (2017) Handbuch Fehlermöglichkeits- und Einfluss-Analyse. Verband der Automobilindustrie (VDA), Berlin

Brückner C (2011) Qualitätsmanagement – Das Praxishandbuch für die Automobilindustrie. Hanser, München

Brugger-Gebhardt S (2016) Die DIN EN ISO 9001:2015 verstehen: Die Norm sicher interpretieren und sinnvoll umsetzen. Springer Gabler, Heidelberg

DGQ (Hrsg) (2011) FMEA – Fehlermöglichkeits- und Einflussanalyse. Deutsche Gesellschaft für Qualität (DGQ), Frankfurt

DIN EN ISO 9001:2015 (2015) Qualitätsmanagementsysteme – Anforderungen. (Hrsg) Deutsches Institut für Normung. Beuth, Berlin

DIN EN ISO 9001 (2015) Qualitätsmanagementsysteme – Anforderungen (ISO 9001:2015). Deutsche und englische Fassung EN ISO 9001:2015. Beuth, Berlin

IATF 16949:2016. IATF 16949:2016 (2016) Anforderungen an Qualitätsmanagementsysteme für die Serien- und Ersatzteilproduktion in der Automobilindustrie

ISO 26262 (2012) Road vehicles – Functional safety (Hrsg) Internationale Organisation für Normungen. Beuth, Berlin

Tietjen T, Müller DH (2011) FMEA Praxis: Das Komplettpaket für Training und Anwendung. Hanser, München

VDA (2011) VDA-Band 4 Ringbuch: Sicherung der Qualität in der Prozesslandschaft, 2. Aufl. Verband der Automobilindustrie (VDA), Berlin

VDA (2012) VDA-Band 4: Produkt- und Prozess FMEA. Verband der Automobilindustrie (VDA), Berlin

E. Hering und A. Schloske, *Fehlermöglichkeits- und Einflussanalyse,* essentials,
https://doi.org/10.1007/978-3-658-25763-7

Printed in the United States
By Bookmasters